KB095204

나를 먼저 사랑하기에

적당한 오늘

결혼안에서의
free hug

나를 먼저 사랑하기에 적당한 오늘

세포언니 **한재원**

좋은땅

"FREE HUG" 나를 먼저 사랑하기에 적당한 오늘

그 사람과 함께하는 하루는….

막 설레지 않아도 좋은 때가 왔다. 가슴이 두근거리지 않는다고 사랑이 식었다고 여기는 이들은 사랑을 단지 호르몬에 기대어 생각하기 때문이리라. 사랑은 편안함을 동반해야 한다.

그 편안함과 더불어 아늑한 마음으로 그와 또는 그녀가 아무 말 없이 있어도, 외로움이 없는 것, 그것이 진정한 사랑이리라. 그가 날 사랑한다는 말을 안 해도, 그녀가 날 존경스런 눈빛으로 바라보지 않아도, 그저 그와 그녀가 있어서 빈틈없이 영글어 있는 공간이 사랑이라 확신하게 해 주는 때라고 말해 주고 싶다.

때로 술에 담긴 채로 피로함에 가득 물들어 들어와서 말없이 누워 있는 그를 바라본다고 해서, 그가 나를 사랑한다고 생각하는 감정에 대해 의심이 생기지 않기를 바란다.

그런 것에 하나하나 감정이 쌓여 가고 외롭다 싶어지면, 가정이 조각나기 시작하기 때문이다. 그의 인생에서 최선을 다함을 다행으로 여겨 준다면, 그는 그로 인해 그녀에게 감사하고, 그 감사로 우리는 또 사랑을 믿으며 생활해 갈 수 있는 것이라 믿고 싶다.

그 사람과의 하루가 꼭 웃은 하루가 아니어도, 깊은 대화 없이 지난 하루여도, 그가 그리고, 그녀가 있는 공간이 영글어 함박 터진 석류 알처럼 아름다울 수 있다면 된 것이다.

그러니 지난 시간의 상처들로 헤어짐을 선택하지 말자. 상처는 다시 열어지고 기억하지 못하게 되어 가는 것일 뿐, 상처가 우리의 삶을 지배하게 두지 않길 바라며 이 책을 써 나가려고 한다.

모든 가정은 굴곡을 가지게 되어 있고, 그 굴곡을 겪지 않는 가정은 없다고 해도 과언이 아닌 것이 남녀의 결혼 생활인 것을 알았으면 한다. 아픈 세월만을 회자하며 살기엔 우리의 삶이 너무 짧고 그리고 아깝다. 그러니 지난 상처를 지워 가고, 그 상처를 되짚어 가며 아파하지 말고, 우리가 앞으로 살아가야 할 시간을 그리고 함께해야 할 시간을 더 아름답게 만들어 가기를 간절히 바라며, 이 책을 가정 문제로 너무너무 아파하는 모든 분들과 함께 나누고자 한다.

결혼 생활을 하다 보면, 지루함을 빼 놓고는 결혼을 이야기하지 못하기도 한다. 그 지루함을 사랑이 식었다고 여기고 바람을 피우는 남자와 여자들의 이야기가 있고 그로 인해 가슴 아파하는 그들의 아내와 남편들의 글들이 여기 소중히 쓰여 있다. 그들을 위로하는 나의 답장들도 한 글자, 한 글자 진심이 아닌 문장이 없다.

그들이 얼마나 아파하는지 그들의 배우자가 안다면 그리고 조금만 귀

기울인다면 소중한 우리 가정은 지켜질 수 있다. 그들의 말은 이혼을 하고 싶다는 글들이 종종 섞여 있지만, 그들의 진심은 자신의 아픔을 알아줬으면 좋겠다는 것과 다시 나만을 사랑한다고 말해 달라는 것, 단 그 두 가지뿐이다.

만약, 상처를 입었다면 이 글들로 인해 같이 치유받기를 원하며, 상처를 입힌 이라면 상처 받은 배우자에게 진심어린 사과와 다시 너만을 사랑하노라고 말해 주길 바란다. 그리고 그렇게 가정에서 행복을 다시 꽃피워 가길 바라며, 상처 입은 가정들에게 이 글을 드리고자 한다.

목차

1

상처로부터 멀리 왔음에도 힘겨운 이들을 위한 프리 허그

case 1) 나는 이대로 괜찮은 걸까요?

외도와 바람으로 인해 남겨진 상처들은 참으로 다양하다. 만약 그로 인한 상처와 그 상처로 인해 이어지는 많은 고통들을 사람들이 알고 있다면, 외도라는 잘못된 선택을 할 때, 한 번이라도 더 생각해 보고 행동하지 않을까란 생각이 든다. 외도는 그 상황이 벌어지고 있는 시간보다, 그 태풍이 지나간 후 평화로워졌다고 믿는 순간에도 상처 입은 배우자는 총성이 들리는 전쟁터에 남겨진 심정으로 살아가게 된다. 그리고 그렇게 살아가는 배우자를 보고 자라나야 하는 아이들도 행복할 수 없다. 또한 그 옆에서 살아가는 나조차 행복할 수 없는 시간을 만든다. 외도는 어쩌면 되돌리기 힘든 한 가정의 죽음이라 표현해도 과언이 아닐 것이다.

배우자의 외도는 '상대를 정신적으로 죽이는 일'이라는 표현을 쓴다. 즉 '영혼의 살인'이라 부른다. 그러나 그건 그로 인해 입은 피해를 작게 축소

해서 표현한 것 같다. 사실 바람과 외도는 가정에 포함된 모든 것들을 파괴하고 영원히 일어설 수 없는 상태로 만들어 버리곤 한다. 그러니 배우자의 영혼만을 죽이는 행위가 아니라 내 아이들에게 씻을 수 없는 상처와 불안을 남기게 된다. 그 후 모든 상처는 남겨진, 상처를 입은 이들의 몫이 되니 그토록 처참한 전쟁도 없지 않을까 싶다.

하지만, 조금만 다른 시각으로 접근을 해 보자. 배우자가 바람을 폈고 그 사실을 아는 순간 배우자가 잘못을 빌고 용서를 구하고, 이제는 그런 행동을 하지 않는다는 약속을 해 왔다면, 어떻게 해야 하는 걸까? 보통 이런 순간에 그 사실을 알았다는 점에만 집중한 나머지 배우자가 잘못을 빌고 있다는 사실은 인정하지 않는다. 그럼에도 불구하고 그 결혼생활을 이어 나간다. 아니 이어 나갈 수밖에 없을 이유들을 찾으며, 내가 이혼을 못하는 이유가 무언지를 말하고, 생각하고 되뇌고, 푸념하며 그렇게 이혼을 못 하는 이유들을 정당화하며 나와 배우자 그리고 아이들을 어둠 속으로 밀어 넣는 피해자에서 피의자로 전환되고 만다.

그렇게 피의자가 되어 가는 자신의 모습을 까맣게 모르는 채 계속해서 피해자는 본인이며, 외도와 바람은 용서할 수 없고, 내 배우자가 그 상대를 사랑했을 거라고 생각하고, 다시 분노에 휩싸여 살아간다. 이미 바람과 외도에 관련된 관계와 사건이 끝난 시간 속에서도 배우자의 외도가 진행되고 있는 이들보다, 더 힘들어하며 지내는 아내와 남편들을 보곤 한다. 그런 사례를 접할 때, 나는 어떤 순간보다 깊은 안타까운 마음이 든다. 이제는 서로를 추스르며 다시 잘 살아가는 것보다 중요한 일은 없는 때인 것을, 다시 사랑을 시작해서 그 누구보다 더 이해하고 살아갈 수 있는 새로운 시작임을 모르는 채로 과거에 묶여서 고통을 붙들고(자신의 핵심믿음에 붙잡혀서 그 핵심믿음을 확인해 주는 정보만 받아들이고, 그 믿음에 반대되는 정보는 거부한다.) 놓지 않는 그들을 볼 때 숨이 막혀 온다. 그 어떤 사연보다 또는 그 누구보다 더 안타깝게 보이기 때문이다.

그래서 나는 그 무엇보다 가정의 소중함을 알고 있는 분들이 다시 일어서는 것에 이 글의 초점을 두고 있다. 그렇다고 해서 사실이 아닌 글을 써서 현혹하고자 하는 것은 절대 아니다. 지난 상처로 인해 자신이 어떤 오류에 빠져 있는 것인지를 인지하게 하고 다시 일어서서 더 이상은 피해자 또는 피의자로 살아가는 것에서 벗어나, 부부로서 행복하게 또는 다시 건강한 사랑을 나누는 남녀로서 회복되어 살아가기를 바라는 마음이다.

바람이라는 문제가 영혼을 순간적으로 무너뜨린다는 것을 나는 잘 안다. 그래서 억지로 여러분을 위로하려는 것은 아니다. 상처를 잘 극복해 내야 우리가 그토록 소중히 여기는 가정을 잘 지킬 수 있고 우리가 빠져 있는 오류에 대해 이야기 나눠야 그 부정적 사고에서 나오게 할 수 있다. 남편의 지난 실수로 부정적인 핵심믿음이 생겨서 그 외의 모든 좋았던 일과 좋을 수 있는 가능성을 부정하고 있는 것에 대해 이야기하려고 한다.(부정적 핵심믿음은 과잉 일반화되어 있으며 무조건적이다.) 부정적 핵심믿음의 예를 들자면, '바람을 안 피운 사람은 있어도 한 번만 피운 사람은 없다' 또는 '한번 피운 사람은 반드시 또 피운다'더라 등 이러한 부정적 문구들만을 떠올리며 살아가게 되어 있다. 이러한 부정적인 생각은 고통을 이어 가게 하고, 결국은 그 부정적 믿음으로 인해 가정을 포기하고 싶어지는 시간 속에서 또 다른 갈등이 시작되고, 그 고통에서 벗어나지 못한다.

그래 한번 돌아보자. 내 배우자가 바람을 피웠을 시간들을 그리고 그가 내게 용서를 빌던 때를 그 순간 우리는 어떤 생각이 들었을까? 아니 들까? 우선 그의 진심을 받아들일 수 없다. 왜냐면 날 속여 온 과거의 행적이 있으니, 그 순간 그를 믿을 수 없는 것은 너무나 당연한 것이다. 그래서 소리치거나 때리거나 물건을 집어 던지기도 하고 또는 죽어 버리겠다는 협박도 하며 용서를 구하라고 소리친다. 그 순간 용서를 비는 배우자에게 우리는 그 다음 날이면 또 똑같이 행동하고 또 용서를 구하라고 한다. 그렇게 한 달여가 흐르면 외도를 한 배우자는 순간 뻔뻔함을 무기로 화를 내기 시작한다. 왜 그럴까? 그건 지극히도 정상적인 행동이다. 유책 배우자들도 살아남고 싶고 행복하고 싶기 때문이다. 우선 가정을 지키는 중요성보다, 나도 잘 살고 싶어지기 때문이다. 이 비난과 경멸을 표현하는 배우자의 고통스런 모습을 평생 봐야 한다면 얼마나 불행할지가 머리를 스칠 것이다. 그리고 행복하게 살고 싶은 인간의 기본적인 욕구가 발동하게 되는 거라고 봐야 한다. 그의 기준에서는 그만큼의 용서를 빌었다는 것이 최선이라고 판단한 것이고 이제는 좀 용서받고 행복 속에 다시 살고 싶음에도 불구하고 끝나지 않을 저 비난을 더는 견딜 수 없어지는 상태가 되는 것이다.

나는 내가 여러분들의 마음을 정말 잘 이해하고 있다는 것을 독자 분들이 알았으면 좋겠다. 그래서 여러분들의 상처에 대해 공감받고, 이해받는 기분이 들면 좋겠다. 그래서 또 상처를 준 배우자를 이해는 것에 도움이 되길 바라기 때문이다. 상처를 받은 후 심리적 고통이 계속해서 남는 이유는 소통의 부재에서 오는 것이다. 우리는 우리가 일방적인 소통을 하고 있다는 사실을 잘 알지 못한다. 대화를 하는 것이 이해하고 그것에 대한 대답을 위해 듣기보다는, 내가 말할 차례를 기다리는 것에 지나지 않는지도 모른다. 어떤 사건으로 배우자와 시시비비를 다툴 때는 더욱 그렇다. 일방적인 대화는 소통이 되지 않는다고 느끼게 하고, 공감받지 못한다고 판단되고, 그렇기 때문에 점점 더 높게 벽이 쌓여 간다.

잘못했다고 용서를 빌라고 하는 상처 입은 배우자의 마음은 내가 모든 걸 잊을 때까지 당신은 용서를 구하라는 말이다. 그리고 잘못했다고 사과를 하는 배우자는 잘못한 일은 한 번만 이야기하고 이제는 잊자고 하는 사과이니, 어떻게 두 사람이 의견의 일치를 볼 수 있을까?

우선 이러한 문제에서 가장 중요한 것은 그 일이 이미 끝이 났다는 점이다. 이제 막 정리가 되었든 그 일이 지난 후 최소 한 달에서 몇 년은 이미 흘러갔다는 것이다. 그런데도 그 일로 괴로워하는 배우자를 보면서 상대는 얼마나 더 깊은 죄책감에 빠져 있고 죄인의 모습으로 살아가야 할지 갈피를 잡지 못할 때, 얼마나 그 사람 옆에서 벗어나고 싶어질지에 대해 혹시 생각해 본 적이 있을지 묻고 싶다.

그저 내가 피해자니, 가해자는 당연히 죽을 때까지 숨도 못 쉬고 본인의 목소리는 낼 수 없는 게 당연한 것 아니냐고 말하고 싶은 이들이 있다는 것도 안다. 하지만 그렇게 살 것이라면, 왜 결혼 생활을 유지해야 하냐는 것이다.

내 필명은 CELL이다. 한국어로 세포라는 뜻이다. 세포 하나하나가 행복하기 위해 존재하고 있는 것이 우리 몸이다. 그래서 우리가 그토록 행복을 추구하고 있는 것이란 것도 이해가 갔다. 그래서 내 필명을 세포로 정하고 살아간다. 이 세상의 모든 생명체가 행복을 원한다는 근본적인 목적을 잊지 않으려고 말이다. 그런데 얼마나 긴 시간 바람을 피웠든, 깊이

가 있었든 간에 우리 모두는 행복하고, 싶어 하는 기본적인 욕구를 가진 존재들인데 그 존재의 이유를 무시당한다면, 그 누가 그러한 삶을 살아가고 싶을까?

죄를 지은 죄인이니, 내게 상처를 준 배우자니까 불행해야 한다고 생각해서 그 옆에 남아 있는 것이 복수라고 여기고 살아간다면, 그건 배우자를 위해 살아가는 것일 뿐 자신에 대한 사랑은 전혀 없는 것이라고 말하고 싶다. 복수는 인생에서 전혀 필요한 부분이 아니기 때문이다. 인생에서 가장 절실히 요구되는 것은 자신에 대한 사랑이라는 사실을 잊지 말자. 내게 상처를 주었으니 평생 '나와 같이 불행하자고 살아가고 있는 나'로 살고 있는 분들이 있다면, 이 글을 통해 일어서시길 간절히 바란다. 정말 당신이 원하는 것은 그것이 아니고 부부 간의 사랑을 회복하고 잘 살아가고 싶은 것이 진심이라는 것을 알게 되길 바란다.

[A의 첫 번째 소식]

저는 남편의 바람이 지나간 지 만 4년이 되었지만, 그 아픔에서 헤어나지 못하고 있습니다. 어떻게 제 마음을 해결해야 할지 모르겠습니다. 제 마음을 다스릴 길이 없어 집안에는 어둠이 쌓이고 남편과 싸움이 지속될 뿐 전혀 나아지는 것이 없이 4년 전 사건 그 당시처럼 살고 있습니다. 어떻게 하면 좋을까요?
저는 남편이 그 여자에게 마음을 주었다고 생각합니다. 짧은 3개월의 시간이지만요. 타 방송 상담 중 절대 믿지 말고, 찢고 부수고 끝까지 재확인 하라는 방송을 들으며 더욱 괴롭기까지 합니다. 끝까지 찢고 부수고 확인하고 의심하고 쫓으라는 내용을 듣고 불안하던 차 선생님 방송을 보고 마음의 안정을 찾아 이렇게 편지를 드립니다. 도와주세요.

우선 나는 A에게 그 방송을 절대 앞으로는 듣지 말라는 부탁을 했고, 그 뒤로 계속해서 편지를 주고받고 있다. 지금 사연을 준 상담자 A는 만 4년이나 지난 상황에서도 그 시절의 고통 속에서 나오려고 하고 있지 않았다. 그녀는 그때의 충격으로 트라우마 속에 깊게 빠져 있는 상태였고, 괴롭기 위해 괴로움을 선택하고 살아가고 있는 사람 같았다.

그렇게 짧은 편지 뒤에 그 A에게 다시 온 편지의 내용은 이러했다. 나의 메일을 줄곧 기다렸고, 나의 편지를 받고 너무나 기뻤다는 내용과 남편이 어떻게 본인에게 대하는지를 알려 주었다. 그녀는 본인이 첫사랑과 결혼을 했으며 남편을 위해 모든 것을 다하며 살았고, 그 남편의 부모님을 친부모님처럼 모신 자신의 삶을 회고하며, 그 시간이 헛되었다 말했다. 나는 그녀의 충격이 얼마나 클지 상상할 수 있었지만, 그 시간이 4년이 지났다는 말에는 이제는 잊어야 하는 것을 알고 있지만 그녀가 잊고자 하는 마음으로 살아도 배우자의 외도 쇼크 트라우마로 인해 쉽지 않음이 안타까웠다.

그녀의 삶은 바른 생활에만 길들여져 있었으며 남편에게 모든 정성과 사랑을 주었다고 했다. 시부모님이 돌아가시기 전까지 모든 병간호를 다 하고 소천하시는 그날까지도 끔찍이도 효도를 하며 살아온 진실한 아내로서의 삶을 살았지만 남편은 부모님의 소천 후 바람이 났고, 그 순간 세상에 대한 믿음마저도 사라지는 아픔을 겪었다고 전해 왔다.

예전처럼 그녀는 힘겨운 감정을 남편과 이야기 나누면서 살면 된다고 생각했지만, 처음에 남편은 묵묵부답이었고, 다음은 화를 냈고, 말 그대로 적반하장(내가 그렇게 잘못한 건지 모르겠다)이었다. 남편은 "지겹다"라는 말과 함께 짜증을 부리고, 가끔은 한숨으로 답을 하며 점점 지친다고 말하고 있는 것 같았다고 했다. 결국 그녀가 듣고 싶은 말은 제대로 들어보질 못했다는 사연을 적어 보냈다. 그녀는 남편에게 울고불고 하며, 본인의 아픔을 거듭거듭 이야기하여 빌다시피 하고 나서야 "실수였다, 착각이었다, 가식적인 내 모습이었다, 부끄럽다"라는 말을 겨우 이끌어 냈다고 했다. 남편은 '내가 이제부터 잘할 테니까 사건에 대한 이야기는 하지 말고, 그냥 다 덮자'라는 태도였지만, 그녀는 잘 있다가도 어떤 자극(남편의 바람에 관한 이야기와 비슷한 말이나, 드라마, 칼럼 같은 것이 라도 바람에 관련된 일이라면 트라우마 증상이 나타나곤 했다.)이 들어오면 너무 힘들고 불안하다고 했다. 그럴 때마다 그녀는 남편이 '그래도 나는 괜찮다. 너와 함께할 거야. 나를 믿어 줘'라는 태도가 필요한데, 오히려 남편은 '또 시작이군' 하는 태도를 반복했다.

이 부분을 읽으면서 그도 그럴 것이 벌써 만 4년이란 시간동안 용서를 빈 그로서도 당연한 반응이라는 생각이 내 머릿속을 스쳤다. 그러다 보니 그녀도 입을 닫게 되고, 그녀 맘에는 이혼이라는 단어를 떠올리며 살았다는 사연이다. 그녀는 '행복하게 내 삶을 살고 싶다'라는 생각과 '사랑을 주고 사랑을 받고 믿음으로 살고 싶다'라는 고통스런 생각의 반복 속에 지쳐가고 있었다. 그럴 때면 이런 답답함을 상담소에 가서 풀어내고 또 얘기하고. 과연 이게 언제나 끝이 나고 해결이 될지 스스로를 자책하며, 그녀의 마음속으로는 진정 내가 남편을 사랑하는가도 생각하게 된다고 했다.

그러다 보면 갈팡질팡 하는 맘에 '차라리 한 번만 더 실수해서 나한테 걸려라. 그때는 확실히 끝을 낼 수 있을 테니'라는 생각도 한다고 했다.

하지만 이런 생각은 그녀만 하는 것은 아니다. 배우자의 외도가 끝이 난 후에 차라리 한 번 더 외도를 해서 내가 끝낼 이유를 확실히 주길 바라는 마음이 생긴다.

이 생각은 일시적으로 본인이 한 번은 용서를 해 주었을 뿐이라는 결론을 내고 싶어지는 본인의 자존심을 지키기 위한 방어기제로 모두에게 일시적으로 일어나는 생각이다. 하지만 두 번째 그런 일이 이어 생긴다면 더욱 깊은 상처로 이혼보다는 절망 속으로 더욱 깊이 들어갈 뿐이다.

나는 계속해서 남편 문제에만 집중하며 사는 그녀가 그 안에서 벗어날 수 있는 방법을 알려 주고자 최선을 다하고 싶었다. 그래서 그녀의 글을 읽고 또 읽고, 그녀의 감정을 고스란히 읽어 보려 애쓴 후 나는 답을 내렸다. '과연 우리는 왜 사는가?'라는 질문을 던져 보기로 말이다. '우리는 왜 살고 있는가?'란 답 말이다.

그녀뿐 아니라 우리도 생각해 보아야 한다. 우리가 왜 태어났는가를 말이다. 생각해 보라, 우리는 왜 태어났을까? 우리는 왜 살아가고 있을까? 누군가의 행동에 상처 입고, 그 누군가의 잘못으로 그것을 되씹고, 의심하고 또는 그 누군가에게 사랑을 갈구하고, 나에게는 그 사람만이 전부였으니, 그 사람은 그러지 않은 것이 잘못된 것이란 걸 인정하게 만들기 위해 사는 걸까? 아니, 우리라는 테두리에서 벗어나서, 그럼 나는 그리고 당신은 왜 살아가고 있는 걸까?

나는 이 사연을 접하며 이 질문을 내게 했다. 나는 왜 사는가를 말이다. 나는 아빠의 외도로 어린 시절 소금물에 밥을 말아 먹을 정도로 가난하고 힘들게 살았었다. 그 당시의 그 소금물은 내게는 닭의 살과 뼈를 끓여서 푸욱 국물을 낸, 백숙 국물 맛이 났다. 정말 맛있었다. 그런데 어른이 된 시점에서 다시 한번 먹어 보니, 백숙이 아니라 그냥 소금 소태였다. 그 맛이 나려나 하는 맘으로 가난했던 시절보다 소금을 너무 넉넉히 넣어 국물을 내어 먹었던 모양이다. 이것저것을 떠나 그 소금물 국밥은 먹을 만한 것이 못되는 정도가 아니라, 속에서 무언가 울컥하고 쏟아져 나올 듯이 역겨웠다. 이렇게 현재의 상황은 사람이 느끼는 것을 변화시킨다.

그리고 정말 매도 많이 맞았다. 철없는 언니들에게 그리고 정말 사랑이라고는 전혀 없는 할아버지 밑에서 말이다. 그리고도 순탄치 않았던 내 많은 이야기들은 여기서 이만 줄이는 걸로 하고, 이제부터 내가 왜 사는지 이야기하고 싶다.

나는 왜 사냐고 누군가가 묻는다면, 내게 주어진 내 삶의 시간을 맘껏 즐기기 위해 살아간다고 말한다. 그래서 아이들과 있을 때는 아이들과 힘껏 웃고, 직장에 있을 때는 직원들과 행복하게 일하고 웃으며 살아간다. 짜증나고 힘든 상황도, 지나간 실수로 놓쳐 버린 큰 이익도 그 순간에 어떻게 했었어야 했는지를 생각하고 그 실수를 반복하지 않는 문제 해결에 초점을 둔다. 그렇게 지금 주어진 것에 감사하고 즐거운 부분을 찾으며 그냥 지금을 잘 살아가는 것에 초점을 맞추며 살아간다. 그게 내가 행복하게 살아가는 비결이다. 어떤 사건 속에 일어난 일에서 나의 실수나 그 사람의 실수 또는 그 실수로 인해 나의 가치나 그 사람의 가치를 판단하거나 하지 않기에 가능한 일이다.

만약 내가 지난 시절의 내 가족들의 실수만 되씹고 살고 있다면, 나는 지난 40년을 어떻게 살 수 있었을까? 아마도 모든 사람을 믿지 못하고, 의심하고 욕하고 저주하고 증오하고, 뒤쫓고, 그렇게 내 시간들을 소중히 하지 못한 채 날 갉아 먹어 가고 있었을 것이다.

이처럼 A는 스스로 안정을 찾아가는 것이 가장 중요한 쟁점이라는 것을 모르고 있었다. A의 남편은 A가 안정을 찾아갈 때, 다시 더 깊이 A에게 사랑을 느낄 것이다. '내가 잘못을 했는데도 그토록 아픈 상처를 주었는데도, 저렇게 안정적으로 다시 삶을 살아 주는구나. 나를 이해해 주었구나. 용서해 주었구나' 하고 말이다. 그런 아내가 얼마나 아름다워 보일까? 그리고 그런 안정적 자세로 삶을 살아갈 뿐만 아니라 직장생활도 열심히 해서 집에 보탬이 되는 아내가 얼마나 고마울까? 남편을 위해서가 아니라 A가 원하는 삶을 위해서 말이다. 우리는 우리 삶을 소중히 여기고 아름답게 살기 위해 태어난 것임을 잊지 말아야 한다. 우리는 타인의 실수를 되씹고, 타인이 어떤 말을 해 주길 갈구하면서 그렇게 말해 주지 않는다고 가슴 아파하기 위해 태어난 것이 아니다.

여기서 그 남편 분의 변을 하자면, 사연자의 남편은 지금 그 자리에서 버티는 것이 A만큼이나 힘들지도 모른다. 자신의 죄책감을 오로지 혼자 스스로 씻어 내야하고, 죄책감을 가지고 아내 곁을 지키는 것이 남자들에게는 정말 힘든 일이다. 누군가에게 죄를 짓고 나면 그 사람 옆을 피하고 싶은 마음이 사람의 본능이기에 말이다. 그 사연자의 남편만이 아니라, 유책 배우자들은 스스로 뻔뻔해져야 지금 거기서 살아갈 수 있기에 '뻔뻔함'이란 방어기제를 만든 것이다. 가정을 깨고 싶은 것이 아니고 지금의 A처럼 다시 가정을 복원하는 것이 그리고 행복한 남녀로 돌아오는 것이 정말 중요하다면, 행동으로 옮겨야 한다. 잘못을 행한 배우자를 조금 더 편안한 시선으로 바라보고, 기다려 주는 것으로 말이다.

사람마다 준비되는 시간이 다르다. 뻔뻔한 바람둥이는 변명도 잘하고 입에 발린 소리를 해 가며 아내를 달래 놓은 후, 다시 바람을 피러 다닐 수 있는 것이라는 걸 알았으면 좋겠다. 바람을 핀다고 해서 다 나쁜 놈이 되고, 절대 용서받지 못하는 죄가 된다는 것처럼 생각하면 다시 복원될 수 있는 가정은 없다. 잘못을 저지른 배우자에게도 다시 무언가 복원된 마음을 가질 시간이 필요하다 그러니 그 준비되는 시간을 조금 기다릴 줄 알아야 하지 않을까 싶다.

어떻게 타인이 내 맘 같을 수 있을까? 내 가치관과 생각에 따라 행동해 줄까? 그런 것은 불가능하다. 그러니 잠시라도 뉘우치는 모습을 따스함으로 지켜봐 주어야 한다. 그러면 많은 대화를 하지 않아도, 그 마음이 느껴지는 때가 오고 그 시선으로 다시 아내를 바라보는 남편을 보게 될 것이다. 절대 조급해해서는 해결되는 일이 아니기에 말이다. 가장 중요한 점은 자신의 모든 것을 배우자에게 걸어서는 안 된다. 그리고 나는 나 하나로 충분하다는 사실을 잊어서는 안 된다.

지금 A는 지난 세월 베푼 일에 대해 자책하고, 손해 본 것 같고, 남편의 바람으로 모든 것이 헛되었다고 힘겨워 하지만, A에게 나는 말해 주고 싶다. 이제는 지난 일을 잊고 다시 스스로 일어선다면, 그녀가 지난 세월 남편에게 베푼 모든 희생과 사랑은 다시 아내에게 빛이 되어 돌아올 거라고 말이다. 나와 타인의 시계의 초침이 일치하지 않는다고 힘들어해서는 안 된다. 그런 일은 불가능하다.

A는 지금 자신의 시계와 남편의 초침이 일치하지 않는다고, 즉 회복되는 시간이 엇갈린다고 해서 지속적으로 고통스러워하고 있을 뿐, 이미 그 사건은 지나갔고, 그 시간이 벌써 4년이 넘었다는 사실은 인정하려고 하지 않는다. 어떻게 두 사람의 모든 것이 일치할 수 있을까? 우리는 결혼의 서약이 서로 다르다는 것은 용납하지 않는 것이며, 감정과 생각과 모든 것이 일치해야 한다고 착각하는 것은 아닐까? 나는 그녀가 힘겨운 것이 타인과 본인의 모든 감정과 생각이 일치하는 게 불가능하다는 것을 받아들일 수 없어서라고 생각한다.

나는 그녀의 성품에 대해 칭찬해 주고 싶다. 시어머니를 그토록 끔찍이 아끼며 돌보았고, 짧은 바람이었다고 해도 그런 그를 용서하기 위해 끝없이 힘겨워 한 그녀의 너그러움을 말이다. 그러니 이제는 그녀가 그녀를 스스로 칭찬해 주길 바란다. 그녀 스스로 행복해지는 것을 시작으로 말이다.

삶은 과거를 되씹는 것도 아니고 미래에 일어날지도 모를 일 때문에 불안해하는 것이 아니다. 지금이라는 시간에 중심을 두고 나를 사랑하고 그 자존감을 나누며 살아가고 오늘 하루 행복한 것이 중요하다. 남편이 3개월 그 여자를 만나면서 사랑을 했다고 해서, 마음을 주었다고 해도 겨우 3개월 동안이다. 그럼 어떤가? 겨우 3개월뿐인데, 그 3개월로 그녀의 50년, 60년을 행복할 수 있는 남편과의 삶을 더 망쳐 가며 살아가야 할까? 모두 아니라고 대답해 주시리라 믿는다.

그리고 내가 감히 장담하건데, 그 남자의 3개월의 사랑은 그저 욕정에 지나지 않았을 뿐 마음을 준 욕정이지 사랑이 아니다. 남편도 알게 될 때가 올 것이고, 그걸 표현하지 않아도 아내 곁을 지키며, 언젠간 내 인생의 사랑은 너뿐이었다고 고백할 시간이 올 것이다. 아니 고백하지 않아도 느끼며 살아가고 있을 시간이 온다.

그녀가 날 믿고 남편을 더 이상 의심하지도 뒤쫓지도 깨부수지도 않았으면 좋겠다. 그저 하루하루를 가족들과 어떤 일상생활 속에서도 즐거이 지내시길 간절히 바란다.

내 말을 믿어 주시기를 바라는 간절한 바람을 담아, 나는 내가 조금은 현명하다고 느낀다. 그러니 그녀가 날 믿어 주면 좋겠다. 그녀가 받았다는 상담을 어디서 받았는지 모르지만, 그런 불평불만만 하는 상담이 의미가 있을지 모르겠다. 벌써 2년이 넘는 상담에도 아직 그 상처가 그대로라면, 그곳의 상담은 시간을 때우는 것일 뿐 좋은 상담소는 아니지 않을까?

그녀에게 필요한 것은 그저 한 가지만 기억하며 살아가는 것이다. 우리가 왜 살아가는지를 잊지 않는 것 말이다. 우리는 지금을 행복하기 위해 산다는 것을 잊지 말기를 다시 한번 힘을 실어 말하고 싶다.

[A의 두 번째 소식]

지금 제 옆에서 자는 남편 곁에서 눈물이 끊임없이 흐릅니다. 선생님의 편지를 읽고 나니 부끄럽네요. 남편을 힘들게 하기 위해 지난 시간 했던 일들이 모두 부끄럽다는 생각이 듭니다. 지난 3~4년 동안 소송 빼고는 다 해 본 것 같습니다. 돈도 많이 썼습니다. 공허함을 채울 길이 없어서요.

제 남편은 선생님 말씀대로 내 사랑을 받았었던 남자였는데, 3~4년 동안은 그 생각을 한 번도 해 보지 못했던 제 모습이 떠오릅니다. 내가 죽도록 사랑했던 그 사람인 걸 잊으려 했는지도 모르겠습니다. 선생님 조언대로 '내가 왜 사는가?'에 대해 생각해 보겠습니다. 제 안에 남아 있는 분노와 억울함 또는 알지 못하는 것들에 대해 상상하며 힘들어 하는 것들을 잘라 내겠습니다. 선생님이 써 주신 글을 곱씹어 읽고 또 읽으며 힘을 내 보겠습니다.

기회가 된다면 꼭 뵙고 감사한 맘을 전하고 싶습니다.(정말 저를 위한 답장임을 느꼈습니다.) 지금 이 순간, 여기 나를 보고 느끼고, 오늘 밤만은 편안히 잘 수 있을 것 같습니다.

그녀는 남편이 나의 글을 읽는 순간 그녀의 사랑을 받았었던 남자였다는 사실이 떠올랐고, 지난 3~4년은 그 사실을 잊은 것이 그가 아니라 상담자 본인이라는 사실이 더 놀라웠다고 했다. 상담자가 그토록 사랑했던 그 사람인 걸 잊으려 했는지도 모르겠다고 했지만, 아마도 그건 그녀의 다친 자존심의 크기와 비례되었기 때문이다. 나의 조언대로 상담자 본인이 왜 살아가야 하는지 깊이 생각을 하겠다고 약속해 왔지만, 나는 그녀가 쉽게 일어설 거라는 믿음은 생기지는 않았다. 이유는 간단하다. 그녀는 본인이 병들었다는 사실을 인정하려 하지 않고 있었다. 그 병은 단순히 생각에서 오는 것을 떠나 뇌의 스트레스 호르몬이 이미 과도해서 약물 없이는 제대로 설 수 없는 상태인 것을 인정하지 않고 있었다. 그래서 그저 생각의 변화나 일시적인 위로만으로는 그녀의 안에 남아 있는 분노와 억울함을 잘라 낼 수 없을 거란 걸 나는 짐작하고 있었다.

나는 그녀에게 병원 약을 먹어야 한다는 점을 강조해서 이야기해 주었지만 그녀가 행동으로 옮길지는 미지수였다. 그렇게 시간이 흐르고 그녀가 문득 떠오를 즈음 그녀의 메일이 다시 도착했다.

아직도 외도했던 그 상황과 비슷한 장면이 스치거나 의심이 올라올 때는 괴로움이 반복되며, 그 생각이 떠오르는 순간 자신이 제정신이 아닌 것을 느낀다며 어떻게 해야 과연 잘살 수 있는 것인지 궁금하다는 글이었다.

그녀는 그 기억이 떠오를 땐 미친 듯이 가슴이 뛰고 숨이 막혀 오는 공황장애가 일어나며 남편을 향한 원망을 멈출 수 없다고 했다. 그리고는 또 자신을 미워하고 자책하며 이렇게밖에 살아갈 수 없는 자신을 미워하기 시작한다는 글이었다.

그런 때면 밤새 술을 마시고 토하고 쓰러져 울며, 남편을 괴롭게 만든다고 했다. 남편이 안 볼 때 하려고 해도 남편은 모르는 척하고 있어도 다 보고 있는 것을 자신은 알고 있으며, 그때마다 남편이 사과를 해 주고 위로하려고 애써 주지만 자신에겐 전혀 도움이 되지 않는다는 것이다. 그 순간만큼은 삶과 가정 그리고 아이들을 모두 다 포기하고 싶어진다고 했다. 어떻게 하면 이 상처를 다룰 수 있는 거냐는 긴 하소연이었다. 나는 그녀의 방황이 이렇게 편지만으로 해결되는 것이 아닌 것을 알기에 그녀에게 우선 신경정신과에 가야 한다는 이야기와 더불어 그녀를 향해 이렇게 말해 주고 싶었다.

그녀는 정말 중요한 점에 대해서는 모르는 사람 같았다. 그녀는 너무나 고요히 성장한 사람이어서인지, 본인의 생각과 결혼 생활이 삶의 전부인 줄 아는 그녀였다. 그래서인지 사람의 삶 속에서는 어떤 일도 일어날 수 있다는 것을 조금도 인정하지 않으려고 하는 것 같았다. 인생을 살아가면서 가장 좋지 않는 행동과 생각은 자신을 해치는 일, 즉 자책을 하는 것이다. 내가 나를 사랑할 수 없는데 그 누가 나를 사랑해 줄 수 있다고 생각하는 것은 가장 어리석은 판단이다.

자책을 통해 얻는 것은 나를 잃어 가는 것 외엔 없다. 상담자의 상황은 더욱 그러했다. 그녀는 정말 잘못한 것이 없으니 자책할 거리가 없다. 그녀가 그 순간이 떠오르고 숨을 헐떡이며 모든 걸 포기하고 싶을 때 그녀가 해야 하는 것은 우선 숨을 깊게 들이쉬고, 오늘 하루를 어떻게 잘 지낼 수 있을지 숨을 고르며 자신과 싸워 이기는 것이다. 숨을 아주 깊이깊이 몰아쉬어 주며 조금 휴식을 취하고 생각도 멈추어야 한다. 때론 사람은 생각을 쉬어 주어야 다시 생각할 힘을 가질 수 있기에 말이다.

그런데 그녀는 스스로 괴롭히지 못해 안달이 난 사람처럼 어떤 일이든 예전 남편의 외도시절과 겹쳐 떠올리려고 노력한다. 그렇게 스스로를 괴롭히기가 끝이 난 후에는 잠시 괴롭지 않을 수 있어서일 것이다. 그녀가 남편 앞에서 괴로워 하고 나면 남편의 짧은 위로가 이어지는 시간이 있었기에 그 짧은 위로와 사죄의 시간을 가지기 위한 노력 같은 것이리라. 그녀는 그렇게 그 짧은 위로의 순간을 위해 평생을 괴로워하려고 결정한 채 살아가고 있다고 해도 과언이 아닐 것이다.

사실이 드러난 외도 직후에는 그렇게 괴로워하면, 남편이 위로하고 안아 주고 안심시켜 주며 노력을 했을 시간이 있었으리라. 그러니 그녀는 그때처럼 죽는 그 순간까지 남편의 위로가 있어야 한다고 떼를 쓰고 있는 것과 같았다. 그것이 그녀의 의지가 아니고 병적인 상황인 것은 결코 인정하려고 하지 않았다. 그녀는 약물 없이는 이미 회복이 불가능하다는 사실을 우선 받아들여야 했다.

그녀는 나의 이러한 내용의 글을 받고 다시 힘을 냈다고 메일을 주었지만 나는 그녀가 나아졌다는 기대는 전혀 하지 않았다. 그녀는 여전히 남편의 사과가 있었고, 남편이 끝없이 노력을 해 주지만 본인은 그것으로 나아지지 않는다고 했다.

그녀는 다시 남편의 메일을 뒤졌고, 남편 외도의 다른 증거를 찾아 헤맸고, 그 흔적들을 보면서 괴로워하고 있다는 편지였다. 그녀의 글에는 남편의 깊은 참회와 용서를 비는 문구들이 가득했지만 그래도 그녀는 여전히 괴롭다는 말뿐이었다. 나의 수고가 과연 필요한 상황인지 나 또한 절망에 가까워지는 순간이기도 했다.

단 몇 개월의 바람으로 4년째 인생을 피폐하게 살아가는 그녀가 너무나 가여웠고 금방이라도 삶을 포기하진 않을까라는 걱정으로 나는 다시 그녀의 손을 잡아 보기로 했다. 상담자의 메일은 '남편이 이렇게 또는 저렇게 말해 주지 않아요. 저뿐이라고 말해 주면 좋겠어요. 그런데 그렇게 말하지 않아요'라는 이야기로 가득했다. 타인의 목소리를 내가 낼 수 있는 것이 아닌 것을 그녀는 전혀 인정조차 하지 않으려고 했다.

A는 스스로 만든 지옥 안에서 나올 생각이 없어 보였다. 나는 그녀가 그 지옥에서 나오도록 하기 위해 나는 어떻게 해야 할지 밤을 새며 고민했고, 다시 글을 보냈다.

내가 바라는 건 A의 마음의 평화였다. 상담료 없이 주고받는 메일이었지만 돈이 아니라 그녀의 행복을 너무나 바라고 있던 내 마음이 떠오른다.

그 사건의 시점에서 4년이나 지났고, 현재는 남편과 아무 문제가 없음에도 불구하고, 지금 과거를 살아가고 있는 상담자의 마음이 부부 사이의 걸림돌이 되고 있었다. 타인이 어떤 말을 할지는 타인의 몫이고 A가 어떤 말을 기대한다고 해서, 누구도 A가 원하는 말 그대로 똑같이 위로를 할 수는 없는 것을 받아들이지 않았다. 그런 그녀는 나에게 그럼에도 그걸 원한다면 AI와 살아가는 것이 낫지 않을까라는 생각까지 하게 만들었다. 그렇게 하면 원하는 말을 들을 수 있을 테니 말이다. 하지만 그녀는 남편이 그녀와 같은 인간이고 스스로 판단하고 생각하는 인간인 것을 인정은 하지 않으려고 했다. 그녀의 남편도 자아가 있는 다른 사람이고, 그도 그가 생각하는 것을 말할 수 있어야 하는 것 아닐까? 그게 아니고 잘못한 사람이어도 상대방이 원하는 것을 어떻게 모두 알고 행동할 수 있을까? 그것도 4년이란 세월 내내 말이다. 상담자가 우선순위로 둘 것은 그 사람이 나를 위로해 줬다는 것에 중심을 두어야 했다. 예전이라 할지라도 그 사건 직후 4년 내내 남편이 상담자의 고통에 공감을 해 주었다는 것 말이다.

그녀의 남편이 '아직 나를 못 믿지? 괜찮아'라는 위로를 해 주었던 일도 전해 받은 적이 있었다. 이 말은 정말 많은 걸 담고 있다. '나는 그 여자를 생각하고 있지도 않고, 당신이 날 못 믿어서 의심하지만 난 당신의 그런 마음도 이해해. 하지만 난 그렇지 않아. 지금 내 곁엔 당신뿐이야'라는 뜻이 담겨 있다. 이렇게 생각하지 못하는 것은 상담자가 자신의 생각만을 중시하기 때문인 것을 그녀는 인정하려고 하지 않았다.

나는 남편의 미안함과 사랑이 사연자의 글만으로도 느껴지는데, 닫힌 사연자의 마음은 그 점을 보지 못하게 막고 있는 것이다. 이미 덮어 버린 것은 파헤칠 필요가 없다. 한국 영화 〈백두산〉에서 배우가 이야기한다. '뒤통수에 눈이 없는 이유는 뒤돌아보지 말고 앞만 보고 가라'라는 뜻이라고 말이다.

A는 이제 지난 시간을 그만 뒤돌아보아야 했다. 지나간 시간과 사건이

앞으로의 시간에 영향을 주느냐, 아니 좋은 영향을 주느냐, 나쁜 영향을 주느냐는 그 길을 가는 이에게 달려 있다. 괴로운 A의 그 마음을 누가 알고 모르고는 중요하지 않다. A가 그 고통을 느끼고자 하는 선택을 그만두어야 끝이 나는 일이었다.

A 본인이 '다시 행복해하기'로 선택해야만 그 지속되는 고통에서 벗어날 수 있는 것이라고 감히 말하고 싶다.

어떠한 고통이든 그 고통을 선택한 순간 중 가장 괴로운 시간은 밤이다. 무심결에 '또 밤이구나' 하고 한탄하게 된다. 왜냐하면 어둠은 힘든 사람을 더 힘들게 만드는 힘이 있다. 혼자라는 것이 뼈저리게 느껴지고, 지난 힘든 사건들이 생생이 떠오르게 하기 적합하게 적막하다. A 또한 밤이 어느 때보다 가장 고통스럽다는 말을 전해 오곤 했었다. 하지만 나는 안다. A가 그 누구보다 잘 살고 싶어서 괴로움을 놓지 않는 것을 말이다. 아니 놓지 못할 정도로 병이 깊다는 쪽이 더 맞겠다. 계속해서 흔들리는 그녀를 보면, 사연자의 가정을 힘들게 하고 싶어 하던, 그 나쁜 여자의 바람대로 되어 가고 있어 보여서 더 속이 상했다. 그렇게 사연자의 남편과 헤어진 상간녀는 그 부부가 행복하길 바랄 리가 없기 때문이다. 그럼에도 불구하고 A는 그 나쁜 여자의 바람대로 살아가 주고 있으니 참으로 안타까울 뿐이다. 사람의 삶은 지난 시간으로 또는 지나간 사건으로 종결되는 것이 아니고 정의되는 것도 아니다. 삶은 바로 눈앞에 놓인 지금이라는 시간과 밝은 미래를 계획하는 것에 있는 것이다.

물론 또 다른 종류의 시련이 올 수도 있고 내 뜻대로, 계획대로 되는 것이 아닌 것이 인생이라 하지만, 그래도 좋은 것을 꿈꿀 때, 지금을 나누며 행복해하는 것이 살아가는 우리의 의무인 걸 잊지 말아야 한다. 나는 그녀를 늘 응원하고 걱정한다. 남편을 다시 믿음으로 바라볼 수 있기를 바라며 기도한다.

그녀가 아내로서 엄마로서 고운 얼굴을 더는 눈물로 물들이지 않기를, 단 하루라도 편히 잠들기를 바라는 마음이 내 안에 가득하다.

그 후 A는 남편과 또 다투었으며, 서로의 오해가 깊어졌다고 했다. 그래서 또 울며 시간을 보내고 있으며, 이제는 남편이 별거를 요구한다고 했다. 남편을 지난 4년간 지속적으로 괴롭히는 아내 그리고 괴로워하는 아내를 볼 수가 없으며 우리가 해 볼 수 있는 것은 다 해 보았으니, 이제는 별거로라도 회복을 위해 노력하자고 한다고 하소연하고 있었다. 그가 바람을 피운 것은 정말 아내의 영혼을 죽인 일이지만 그 남자가 그렇게 빠르게 정신을 차리고 4년이나 고개 숙이고 매일 위로하며 살아온 것을 볼 때, 그는 또 다시 실수를 하지 않을 확률이 높다. 그의 실수는 정말 이번 한 번뿐이라고 믿어 주어야 행복할 수 있다는 사실을 이제는 그녀가 받아들여야 한다고 생각한다.

남자는 어떤 사건을 다루는 자세나 마음 상태가 여자와 정반대이다. 어떤 잘못을 저지르고 난 후 남자들은 유야무야 접고 지나가길 바란다. 그러다 보면 무신경해져서 없던 일처럼 된다고 생각하고 실제로 본인들은 그렇다. 그런데 여자들은 그 문제를 반드시 짚고 넘어가고 무언가 결정이 나야 해결된 것 같은 마음이 든다. 그러니 둘이 문제를 대하는 방식이 다른 것이 당연하다. 사람 사이의 골이 깊어지는 것은 단 한 가지 이유라고 해도 과언이 아니다. 다름을 인정하지 못하는 것에서 온다는 점 말이다. 부부는 거의 30년이란 세월을 다른 환경으로 다른 생각으로 살아왔는데, 갑자기 '딴 따 따다' 피아노를 치며 결혼식을 했다고 해서 모든 생각과 말을 내 맘처럼 해야 하고, 네 맘은 없는 거라고 한다면 어떻게 서로가 잘 지낼 수 가 있을까. 이런 갈등은 속을 들여다보면 결국은 내가 먼저이고 나만 위하고 너는 지은 죄를 평생 용서받지 못할 거라는 메시지를 지니게 된다. 그러니 남자나 여자나 유책 배우자들은 도망치고 싶어지는 것이다.

남자들이 제일 싫어하는 순간이 내 여자가 아무 말 없이 눈물을 떨굴 때라고 한다. 왜냐하면 이유에 대해 말을 하면 고칠 텐데, 왜 다짜고짜 눈물부터 흘리는지 주변에 누구라도 있다면, 본인은 정말 나쁜 놈으로 비쳐지고 있다는 사실이 그들을 미치게 한다고 한다. 남자들은 말해 주지 않으면 모르는 존재이며, '이따 시간 내서 이야기 좀 해'라는 말을 정말 싫어한다. 그냥 그 자리에서 속 시원히 짧게 말하고 끝이 나거나 아니면 그냥 시간이 지나면 좀 잊어 주면 좋겠다는 마음이 더 큰 쪽이다. 한마디로 불편한 걸 못 견디는 존재라는 말이다.

여자는 남자보다 고차원적인 존재인 걸 그들도 안다. 아니 고차원이기보다는 좀 복잡하다고 생각한다. 그러니 너무 복잡한 것 또는 그 고차원적인 존재의 마음을 모를 수밖에 없다. 그래도 이 A의 남편은 안정을 찾아가고 있었다고 볼 수 있다. 4년간 할 수 있을 만큼 사과하고 정말 출퇴근 외에는 아무 곳에도 나가지 않았으며, 수시로 그녀를 안정시키기 위해 사과하고 함께하고 나아질 거라고 꾸준히 믿으며 생활해 주었으니 말이다. 하지만 계속해서 A가 아프고 병들어 가고 있는 것을 알지는 못했다. 남자들의 특성을 설명한 것처럼 그녀가 나아지고 있다고 생각해서이다. 왜냐면 시간이 가고 있으니, '시간 속에서 잊어 주리라' 믿고 싶은 헛된 믿음 탓이었으리라. 그녀의 상처는 반드시 병원치료가 동반되어야 할 만큼 큰 충격을 받은 것인데, 그 정도는 아닐 거라고 믿은 올바르지 않은 판단이 그녀의 병을 키운 것이라고 해도 과언이 아니다.

그녀의 병을 이겨내기 위해서는 A가 계속 남편의 마음이 뭔지 궁금해하기보다는 A의 마음이 무언지를 먼저 알 필요가 있다. A는 이제는 남편이 아내를 진정으로 아끼고 있는 걸 믿어 보아야 한다. 남자들이 또는 타인이 내 맘처럼 날 대해 줄 거라고 기대하면 늘 아픈 건 본인일 뿐이다. A가 바라는 대로는 아니지만 그 상태에서 그가 최선을 다하고 있다고 생각해 주고, 상담자가 스스로의 삶을 더 소중히 여기면서 살아가야 한다. 우선시되는 것이 남편의 사랑이나 마음이 아니고, A 본인의 선택과 마음을 더 중요시 여기시고 확신을 가지고 밝고 행복하게 생활해 가야 이 문제는 해결이 된다. 그러다 보면 분명 어느 순간 답이 찾아와 있을 것이기에 말이다.

[A의 마지막 감사 편지]

걱정스런 마음에 먼저 편지 보내 주시고 흔들리는 마음을 다잡아 주신 점 너무 감사드립니다. 뜻밖의 문자와 메일이라 놀랐습니다. 그 뒤 퇴근길에 남편과 함께 만나 집으로 돌아왔습니다. 남편이 저를 가만히 쳐다보더라고요. 얼굴이 많이 안 좋아 보인다고 말하며 얼굴을 쓰다듬어 주었습니다. 선생님, 선생님 말씀대로 남편을 믿음으로 대해 보도록 하겠습니다. 지치지 말고 내가 잘살 수 있는 방법이 무엇인지 생각하겠습니다.
누군가 나를 응원하고 있는 사람이 있다는 걸로 충분히 힘을 얻는 것 같습니다. 고맙습니다. 진심으로요.

"인생은 지난 시간으로 또는 지나간 사건으로 종결되는 것이 아니고 정의되어지는 것도 아닙니다. 삶은 바로 눈앞에 놓인 지금이라는 시간과 밝은 미래를 계획하는 것에 있는 거예요. 물론 또 다른 종류의 시련이 올 수도 있는 것이, 내 뜻대로 계획대로 되는 것이 아닌 것이 인생이라 하지만, 그래도 좋은 것을 꿈꾸며, 지금을 나누며, 행복해하는 것이 살아가는 우리의 의무인 걸 잊지 마세요."

– A에게 보낸 글 중에서

case 2) 지속되는 상처 안에서도 행복하기 위하여

내가 알던 어떤 지인의 남편은 우울증으로 세상을 떠났다. 잠시 자리를 비운 사이 스스로 극단적인 선택을 한 경우였다. 이처럼 정신적인 문제를 겪고 있는 배우자를 케어 하며 산다는 것은 어떤 마지막을 늘 지켜봐야 하는 두려움과 불안감에 사로 잡혀 살고 있다고 해도 과언은 아닐 것이다.

우울증, 조울증, 조증, 조현병 등 다양한 증상들에 의해 구분되는 병증에서 가장 힘든 것이 조현병이다. 조현병이 흔히 말하는 환청과 환영을 보는 증상을 주로 하고 있다고 생각하면 된다. 우울증은 자신의 삶에 대한 의지가 없고 우울함을 주로 토로하는 반면, 조울증은 우울한 상태와 극하게 흥분되어 고조되어 있는 상태를 번갈아 보이는 증상이며, 조증은 늘 극하게 흥분된 상태를 유지하고 있는 증상을 말한다.

이 증상 중 무엇이 가장 힘들다고 말하기는 어렵다. 치료가 가장 어려운 것은 조현병이라는 것 외에는 나도 의학적인 지식을 무어라 명확히 진단할 수는 없지만, 우울증보다는 조울증이 더 다루기 어려우며, 조울증의 경우는 조증인 상태와 울증인 상태가 극하게 변화되는 상태로 인해 케어 하는 사람까지 전이되는 힘겨운 경우를 본 경우가 있다. 그러니 해외에 있는 B 씨의 경우 남편의 조현병을 감당하기에는 너무나 어려운 상태였고, 그 어려운 상태에도 가정을 지키려는 그녀의 노력에 비해 남편은 조현병을 스스로를 조절할 수 없음에도 불구하고 치료에 대한 노력조차 없는 경우였다.

이런 상황에서 내가 해 줄 수 있는 상담자로서의 역할은 그녀가 이혼을 선택하고 아픈 남편을 버리라는 것이 아니라, 오히려 이혼을 요구하고 아무 책임도 지지 않으려는 남편에게서 벗어날 수 있도록 돕는 것이었다. 나는 가정을 지키는 상담을 하고자, 이 일을 하고 있음에도 이러한 이혼을 위한 상담을 하는 경우는 정말 그녀의 삶을 지키고자 하는 마음뿐이다. 물론 B가 원하는 두 가지 목소리 중 벗어나야 한다는 한쪽의 목소리를 더 크게 듣게 해 주기 위한 노력을 하는 것 외에는 없지만 말이다. 그래도 그것이 B와 B의 아이를 지키는 올바른 선택이라고 믿는다.

이 사연 안에는 B가 인지치료를 받고, 자신의 어릴 적 트라우마를 알고는 있지만 그것을 이겨 내기는 어렵다는 이야기를 한다. 이 글을 읽으며 여러분들이 인지치료를 받아서 그 사실을 알아도 그 사실을 이겨 내기 어렵다면 어디서 희망을 찾을 것인지 고민이 되는 분들도 있을 것이다. 하지만 내가 나의 상태를 아는 것은 매우 중요한 문제이다. 그 사실을 안다고 해서 그것이 그 순간 해소되거나 해결되는 것이 아니다. 하지만 내가 나의 트라우마로 힘들다는 것을 인정하고 나면 그 상황을 받아들이는 태도가 달라진다. 그러니 그 트라우마를 아는 것은 이겨내는 첫 단계로 접어든 것이라고 말해주고 싶다. 스스로 트라우마를 인지한 순간 그것이 나아지지는 않는다. 다만 그 트라우마를 극복하기 위한 훈련의 시간이 필요하다는 것을 인식한다. 따로 시간을 내어서 훈련하는 것이 아니라, 그 순간들이 오는 일상적인 삶에서 그 순간들을 잘 다루어 가며 자연스럽게 나의 트라우마를 극복해 가는 것이라는 것을 알기를 바란다.

이혼을 해야 한다고 느끼지만 이혼을 할 수 없는 이유는 다양하다. 누구는 경제적 이유라고 하고, 그 누군가는 아이들에게 아빠를 지켜 주기 위해서라고도 한다. 하지만 지속적인 외도와 정신적 불안을 가진 아빠에게 휘둘리며 인생의 주체가 되지 못한 채 살아가는 엄마를 보는 것은 아이들에게도 좋은 선택이 아니다. 아이에게는 아빠와 떨어져 있어도 약속된 시간에 좋은 추억을 만들기 위해 만나거나 또는 만나지 못한다고 해도, 세상을 행복하게 생각하며 자신의 삶을 잘 살아가는 엄마의 모습을 보여 주는 편이 비교할 필요도 없이 아이에게 좋다는 것을 알아야 한다. 굳이 내가 설명하지 않아도 말이다.

배우자의 지속적인 외도에도 이혼하지 못한다고 여기는 배우자들의 진심은 그 순간 버려지기 두려운 이유가 가장 크다. 어릴 적 발달 트라우마의 종류 중 이별에 취약한 트라우마라면 더욱 그러하다. 그러니 지속적인 외도에도 이혼을 하지 못하는 것은 내가 버려진다는 그 사실에 집중하기 때문이다. 그것을 선택하는 주체가 내가 되지 못하기 때문에 이런저런 이유를 만들어 내면서 그 순간을 지키는 본인을 가정을 위해 희생하는 잔다

르크처럼 미화하고 애절히 생각하게 되고 자기 연민 속에 빠져 다른 선택도 있다는 사실에 눈감아 버리고 만다.

하지만, 지속적인 외도 또한 정신적 문제에서 오는 것이다. 그렇기 때문에 그저 아내가 잘한다고, 남편이 잘해 준다고 해서 제자리를 찾는 것이 아니다. 지속적인 상담을 통해 어떤 이유로 외도를 멈출 수 없는지 찾아야 하고, 그 원인에 따라 치료해 가야 하는 문제인데, 그것을 본인의 의지 문제로 또는 그냥 타고난 바람둥이 정도로 치부해 버리고, 내가 기다리고 잘할 테니, 돌아오라는 말을 하는 문제로 해결되는 것이 아니라는 것을 우선 받아들여야 한다. 그래야 지속적인 배우자의 외도에도 이혼을 행동에 옮기지 못하는 이들이, 이혼을 못하는 것에서 내가 선택해서 이혼을 안 하는 것으로 버튼을 옮기고, 그 문제를 적극적으로 해결해 나갈 수 있다. 그래야만이 지속적 외도에도 이혼을 안 하고 살아가도 덜 힘겨울 수 있고, 희망을 볼 수 있다.

하지만 지속적인 외도에도 치료의 의지가 전혀 없고 유책 배우자는 외도가 문제인 것이 아니라는 태도라면, 죽는 그 순간까지 외도를 멈출 수 없는 배우자로 살아갈 확률이 99%를 넘는다고 해도 과언이 아니다. 유책 배우자들은 자신의 외도를 정당화하고 외도는 자신의 자유의지이며 선택이고, 자신이 문제가 있어서가 아니라고 하고, 본인을 자유롭게 두라면서 치료와 대화를 거부하곤 한다. 이렇게 배우자의 반복되는 외도 앞에서는 용기를 내어 그 사람 곁을 떠나야 한다. 만약 반복적인 외도를 고치려는 마음을 내려놓지 못하고 괴로워하고, 마음을 편히 할 수 없다면, 그도, 그녀도 나도 행복하게 살아갈 길은 없다. 그러니 그 지속되는 외도를 허용하거나, 치료를 적극적으로 노력해야 한다. 그렇지 못하다면 헤어지는 것이 맞다. 이 문제는 빠를수록 또는 확고히 하고 행동으로 옮길수록 모두가 행복해질 수 있는 시간을 앞당겨 줄 거라고 말하고 싶다.

[B의 전체소식]

저는 결혼 11년차이고 아들이 한 명 있어요. 저는 다음 생에 태어난다고 해도 지금 남편이랑 살고 싶다고 할 정도로 행복하다고 믿고 살았습니다. 그런데 남편이 6개월 전부터 변해 가기 시작했어요.

남편은 어느 날부터인지 저를 원망하기 시작했습니다. 저 때문에 자기 자신을 모르고 살았다고 하면서 이제는 그렇게는 살지 않겠다고 말하기 시작하더니 밖으로만 돌아다니기 시작했습니다. 다른 여자가 생긴 건 아니지만, 집 밖 어딘가에서 행복을 찾는 거 같았어요. 저와 완전히 맞지 않는다는 말을 시작했어요. 그리고 무섭게 변하기 시작했습니다.

저는 사실 우울증으로 약을 복용하고 있어요. 상담도 받고 있습니다. 저는 국외에 살고 있어요. 저도 어렸을 때 엄마가 저를 두고 떠나서 분리 불안이 심하다는 걸 상담을 통해 깨달았어요. 그래서인지 머리는 이 사람과 헤어져야 한다고 판단하고 저 자신의 판단을 믿으려고 하지만, 행동으로 옮기기는 너무나 힘이 듭니다. 이러한 것이 분리 불안에 대한 두려움일까요? 아직도 남편이 예전처럼 돌아올 것이라는 기대가 남아 있습니다. 그런데 남편과 대화를 해 갈수록 그럴 일은 없을 거라는 걸 깨닫게 됩니다.

저는 이혼을 반드시 해야 된다고 생각하게 되고, 행동으로 옮기려고 노력을 합니다. 하지만 그 와중에 어떻게 하면 제가 버려졌다는 슬픔에서 벗어날 수 있을까요? 저랑 남편 모두 7○년 생이며 이제 초등학교 3학년 되는 아들이 있어요. 남편은 이혼을 원해요. 저는 다시 시작해 보자고 하지만 남편은 거부합니다.

보란 듯이 밤에 나가고, 새벽녘에야 겨우 들어오고 나가고를 반복한 것이, 벌써 두 달이 돼 갑니다. 다행이 아들과 남편은 굉장히 친해요. 하지만 아이도 우리가 헤어질 거라는 걸 벌써 알고 있어요. 그래서인지 아들이 말을 하지 않아도 얼굴이 어두워지는 걸 느낄 수 있어요. 선생님 방송 계속 반복으로 보면서 마음을 다잡고 있어요.

이 메일은 아마도 그녀가 있는 해외 어느 곳의 밤늦은 시간에 쓰인 것 같다는 느낌이 들었다. 너무나 지쳐 있는 그녀의 모습이 함께 스치며 글이 읽혔다.

나는 B의 글을 읽고 나서, B에 대한 생각에 깊이 잠을 못 자고, 새벽 출근을 해서 그녀를 위해 글을 썼다. 두 번째 편지까지 내가 알 수 있는 것은 그다지 많지 않아서 자세한 답변을 할 수 없어서 고민스러웠다. 하지만 그 고민을 조금 뒤로 미룬 채 그녀의 두 번째 글로 상황을 정리해서 말을 하자면, 사연자의 남편이 상담을 받은 분이 여성인지, 남성인지 알고 싶었다. 또는 의사인지, 상담사인지 알고 싶었다. 정신과 전문의라면 그가 치료를 받으면서 약의 도움을 받을 수 있을 텐데, 더욱 상태가 악화된다는 것은 막지 못했다는 것에 의아함이 생겼다. 상담사라면 약을 처방할 수 없고 상태가 악화되는 것을 막지 못할 수는 있을 것이기에 말이다. 그리고 안타깝지만 B의 남편은 여자가 있을 확률이 높았다. 그토록 집에 안 들어오고 새벽에 스스로를 절제 못 하는 그의 모습에서 무언가 다른 것에서 위로를 찾고 있을 거라 짐작할 수 있다. 그녀는 나의 짐작에 관한 이야기를 듣고 심장이 쿵하고 떨어지겠지만, B의 입장에서 지금 남편이 여자가 있건 없건 지금 상황에는 더 나을 것도 나쁠 것도 없다. 중요한 것은 그 여자가 어떤 여자인지. 그리고 남편을 완전히 원해서 이혼을 시키려는 것인지, 아니면 남편의 착각으로 이혼을 하면 그 여자가 받아 줄 수도 있다고 생각하는 것인지를 알아야 했다.

모두 결혼을 할 때를 한번 떠올려 보라. 부부란 한 쪽만 원해서 이루어지는 건 아니다. 그러니 이혼도 남편이 원한다고 해서 괴로워할 필요가 없다. 가장 중요한 것은 우선 B가 이혼을 지금 원하고 있지 않다는 것이다. 그러니 부부가 이혼에 대해 합의가 되지 않으면 소송을 해야 한다. 하지만 그 나라에서는 아내의 변호사 비용도 남편이 내야 한다. 그렇게 이혼을 한다고 해도 그 나라 법은 이혼 후 아이가 있을 경우는 아내에게 양육비와 생활비를 지금 주는 것만큼 주는 조건이 아니면 이혼을 못한다. 그러니 B는 우선 경제적 상황에 대한 걱정은 없는 상황이니 만큼 이혼이 급할 것은 없다고 판단이 된다. B가 그저 이혼을 합의로 해 줄 필요는 전혀 없는 상태였으니 이혼을 당할까 봐 두려워할 상황은 아니라고 보았다.

이혼을 하고 싶지 않은 것이 B의 판단이라면 우선 B는 남편의 이혼 요구에 반응하지 않아야 한다. 그냥 '그래 생각은 해 볼게'라고 말하고 또 물으면 '생각 중이야'라고 답하고 계속 재촉하면 '아무래도 안 되겠어'라고 반복적인 패턴으로 이야기를 해 가면 된다. 그리고 이혼을 지금은 해 주지 않을 때라고 생각한다.

남편이 아무리 미쳐서 날뛰어도 제자리로 안 돌아 오는 것은 아니다. 문제는 제자리에 돌아왔을 때는 아내인 B 씨가 또 텅 빈 마음으로 상처로 살아가는 시간이 계속되면서, '이렇게 사는 게 맞나?'를 반복해서 질문하고, 힘들어하며 살아간다는 것이 문제인 것이다.

그러니, 가장 중시되어야 하는 것은 B의 마음과 정신이 강해져야 한다는 것이다. 그래야 남편도, 가정도 지킬 수 있을 뿐 아니라 남편이 제자리에 돌아왔을 때, 다시 행복한 가정을 이어 갈 수 있기에 말이다. 그러니 B가 지금 이혼을 원하지 않는다면 이혼을 하지 않아도 되는 시간이다. 만약 남편이 소송을 걸어온다고 해도 B에게는 손해될 것이 없다.(유럽과 미국의 법률적 사항을 살펴본 결과, 한쪽의 외도로 또는 요구로 파탄주의에 의해 이혼이 성립된다고 해도 배우자에게 다양한 안정적 이혼 조건이 준비되어 있다.) 내가 그녀에 대해 걱정이 되는 것은 B가 남편을 사랑하는 마음이 느껴져서이다. 나는 안쓰러운 마음을 금할 길이 없었지만, 우선은 먹고사는 것이 먼저이고, 당장 일어날 일도 아닌 것에 힘들어하기보다는 B가 원하는 방향을 완벽히 결정하는 것이 우선순위에 있다고 메일을 보냈다.

B 본인이 분리 불안으로 힘들어했던 것을 인지하고 있다고 해서, 불리 불안이 느껴지지 않는 것이 아니다. 단지 분리 불안을 알아채고 내가 왜 힘든지 원인을 생각할 수 있다는 것으로 발전된 상태이다. 그러니 남편이 떠나면 분리 불안이 느껴질 것이라는 것을 안다는 사실이 중요하다. 그리

고 그 점을 인정해 가면서 자존감을 완전히 회복할 때 강해질 수 있다. 남편이 떠난 것이 힘든 이유이기보다는, 내가 가진 분리 불안이 더 큰 힘겨움의 원인이라는 것을 알아차리는 것은 첫 치료의 시작일 뿐 다 나은 것이 아니기에 말이다.

남편은 상담을 받지 않거나, 아니면 상담과 별개로 다른 여자에 빠져 있을 확률이 높다. 우선 그 사실을 알 수 있다면 이혼에 유리할 수 있다는 장점은 있다. 무턱대고 중년의 남편이나 아내들이 '그냥 네가 싫다, 내 인생 살겠다'라면서 집을 나가 버리는 이유는 불륜상대들이 있는 경우가 대다수이다.

그 새로운 사람(불륜 상대)이 자신을 새롭게 살게 할 거라고 생각되는 경우이다. 사람의 본질은 어차피 본인 안에 있는 것이어서 행복함이 꼭 누군가가 있어야 한다는 것은 착각 일 수밖에 없다. 그러니 파트너를 바꾼다고 해서 가정에서 행복을 찾지 못하는 사람이 행복해질 확률은 지독히도 낮다B가 '이혼을 해야 하나'라고 생각하는 것은, 아마도 남편의 자극에서 느껴지는 절망감 또는 망가지는 자존심 등 복잡한 이유일 것이다.

하지만 남편의 자극에 의연할 수 있다면, 굳이 이혼을 해야 하나 말아야 하나를 고민하며 갈팡질팡 힘들어할 필요가 없다. 그냥 다가오는 일을 준비하는 자세로 하루하루 열심히 생활을 해 가면 된다. 배우자는 내 인생의 전부가 아니다. 어느 순간 죽을 수도 있고, 바람이 나서 집을 나가기도 하고 또는 실종되기도 하고 여러 이유로 남편과 아내들은 헤어질 수 있는 경우의 수는 허다하다. 그럼에도 불구하고 세상에서는 일어날 수 없는 일인 것처럼 생각되는 것에서 절망이라는 감정과 고통이 시작된다고 보인다. 만약 사연자의 남편이 죽었다면, 지금처럼 앉아서 괴로워만 하고 있을 수는 없었을 것이다. 어린 아들과 살아가기 위해 정신을 차려야 하고 아이에게 어두운 그림자를 드리우지 않기 위해서 밝게 생활해야 하며, 내 인생이 한 번뿐임을 자각하고 빠르게 자신의 삶을 찾아야 한다는 것을 쉽게 받아들일 것이다. 즉 이별도 받아들이기가 쉬워지는 상황이 된다.

이혼이라는 것이 죽음보다는 나은 이별임이 분명함에도 지나치게 고통스럽게 받아들이게 만드는 이유는 앞서 가는 생각하는 걱정이 아닐까란 생각이 든다.

그중 주변인들의 시선에 대한 두려움이 가장 크게 작용하는 사람도 있고, 경제적으로 올 시련 또는 버려진 슬픔 등 각각의 이유가 있겠지만, 그래도 배우자의 죽음을 마주한 이들보다는 훨씬 나은 상태인 것을 인정해야 한다.

우선 B는, 남편의 이혼 요구에 흔들리지 말고 지금은 문제 해결에 초점을 맞추어 '내가 어떤 자세를 취해야 하는가?'를 깊게 그리고 가만히 생각해야 하는 때이다. 이혼을 할까 말까라는 생각은 그만 두고, 남편의 다음 행보가 어떻게 될지 생각하고 그에 대한 대처를 생각할 때이다. '과연 그 순간 나는 어떻게 할까?'라는 판단을 해서 이제부터 어떤 행동을 해야 할지 생각할 때라는 것이다.

B는 자신의 아이가 어리다는 사실을 힘들어하고 있었지만, 그 사실로 인해 이혼이 더 두렵다고 했지만, 사실 사연자의 아이가 어리고 안 어리고의 사실보다, 아직은 B가 이혼을 할 준비가 되어 있지 않고, 이혼을 하면 망가질 위험이 너무 크다는 문제점이 더 커 보였다. 준비도 안 된 채 이유도 모르고 이혼을 해 주었는데, 알고 보니 남편이 바로 다른 여자와 살

림을 차린다면 얼마나 기가 막히고 억울할까. 만약 B의 남편이 계속 이혼을 요구해서 이혼을 하게 되더라도 진실을 직시한 후가 좋다. 그래야 좋은 조건으로 이혼을 할 뿐 아니라, 정도 확실히 떨어질 테니 말이다. 그리고 누군지 모를 여자도 '혼을 조금 내 주어야 속이 풀리지 않을까?' 싶은 생각도 든다. 물리적으로 무엇을 행사한다기보다는 적어도 부끄러움이라는 것은 쥐어 주어야 마음이 조금 나아지시지 않을까 해서다.

지금은 그녀가 이혼을 할 때가 아니다. 남편이 나가면 '나가고 싶은가 보네' 하고 두고, 그리고 들어오면 '들어오나 보다' 하고, B의 탓을 하면, '미쳤구나' 하고 반응하지 말고 내버려 두면 된다. 남편은 정말 심리적 치료가 필요한 환자인 것을 확실히 인정해야 한다. 남편이 하는 말에 마음 아파하지도 말고, 정신 나간 안타까운 환자려니 하고 내버려 두면 된다. 그렇게 강한 마음으로 B의 삶을 하루하루 소중히 하다 보면 답이 나올 것이다.

먼저 보내 온 B의 글만으로는 정확한 해결책을 줄 수 있는 상황이 아니었다. 나는 남편의 상담사가 의사였는지, 단순한 상담사였는지, 여자인지 남자인지 그리고 언제부터인지, 그러니까 밤늦게 들어오기 시작한 게 언제인지 등등 부부관계를 가지지 않게 된 건 언제부터인지를 알아야 했다. 더불어 남편의 직업은 무엇인지, B가 일을 하는 건지, 재산 정도는 여유가 있는지 물어야 했다. 남편의 지속적인 이혼 요구에 준비 없이 기다릴 수만은 없을 테니 말이다. 사연자의 남편이 소송을 걸어올 경우도 생각해야 했다. 그게 아니라면 준비가 될 때까지, 모든 사실을 알게 될 때까지 이혼은 당분간 보류하는 것이 지금에 상황에서는 최선인 것 같았다. B가 급히 일방적 요구로 인해 이혼을 하고 나면, 나중에 진실을 직시할 때 더 분하고 억울한 상황이 될 것이다. 그러니 찬찬히 여유로운 마음을 찾은 후 남편의 상태를 지켜보아야 한다.

그 뒤 B는 남편의 직업이 공무원이며, 그 나라에서도 공무원들이 바람을 피우면 징계를 받기 때문에 본인이 절대 바람을 피운 것이 아니라는 말을 하고 있다고 했다.

사연자의 남편은 아기 때 해외로 입양되었다. 그래서 한국말도 잘 못하며 마인드도 외국인이다. B의 남편이 회사에서 동료들과 잘 지낼 때는 문제가 없었으나, 어느 날부터 직장 동료들과 틀어지면서, 그들로 인해 깊게 힘들어했으며, 그 문제로 상담을 받기 시작하게 된 것이라고 전해 왔다. B의 남편은 상담을 처음 시작하면서는 모든 일 하나하나를 B와 의논했다. B의 남편은 입양아라는 이유로 애정 결핍이 심각했고, 타인들의 시선에 지나칠 정도로 민감하게 느끼며 살아왔을 것이다. 그래서 누구든 B의 남편에게 관심을 가지면 그 점을 지나치게 기뻐하는 성향이 짙다고 했다.

아기 때 해외로 입양된 B의 남편은 피부색이 다른 부모에게 사랑받기 위해 눈치를 많이 보며 성장했으며, 그의 양부모는 제대로 된 사랑을 남편에게 주지 않았고 관심조차 없었음이 분명했다. B는 남편의 그런 점들 때문에 처음에 많이 싸웠다.

남편은 타인이 자기를 좋아하는지, 싫어하는지에 집착했고, 사무실 직원들에게도 지나치게 그 점에 집중해서 괴로워했다. B는 남편에게 그 문제에 지나치게 쓰지 말고 일만 하고 오라고 조언하는 아내를 힘들어했다. 남편은 자기는 이런 게 처음이며, 왜 본인을 싫어하는지에 대해, B에게 끝없이 질문했다. 그는 답을 찾으려고 지나칠 정도로 애를 쓰며 상담을 받았다. 그 뒤 그는 1년여를 보내며 천천히 변해 갔다. 그즈음 갑자기 B에게 남편이 말하길 "혹시 네가 내 사무실 사람들이랑 짠 거니?"라고 농담 삼아 말을 시작했다. B가 해 주는 걱정의 말들이나, 충고가 자기 상관이 하는 말이랑 똑같다면서 이상하다는 것이었다. B는 장난일 거라고 생각하며 웃어 넘겨 버렸지만, 그 시점부터 남편은 B를 적대적으로 대하기 시작했다. 그 순간부터 B는 모든 게 어긋났다는 생각이 들었다. 좀 더 그 말을 심각하게 받아들이고 더 전문적인 치료를 시작했다면 지금의 상황은 막을 수도 있었을 거란 안타까움이 전해지는 순간이다.

사연자의 남편은 상담도 계속 받고 있었다. 단순 카운슬러(여자)에게 받다가 나중에는 심리학 박사(남자)에게도 받았다. 사연자의 남편은 그 후 자기 주변의 모든 사람들의 행동을 분석했는데 그 모습은 B를 더 힘들게만 했다. 더 깊이 아내를 의심하기 시작했고, 아내와의 모든 대화를 단절했다. B를 의심하기 시작한 이후로는 그는 B에게 아무 말도 하지 않고, 집에 오면 거의 혼자 방에 있었으며, 심리학 서적과 정신과 관련 책만 사들여 읽고, 지속적으로 인터넷으로 조사를 하며 그 내용들을 찾아내고, 책을 사고 그렇게 계속 살기 시작했다. 그 후 한 달이 지난 시점에는 결국 정신병원 중증 환자로 분류되어 입원까지 하게 되었다.

하지만 그 후에도 그는 아내에 대한 의심은 멈추지 않았다. 6개월 전부터는 반복적으로 "넌 알고 있었지? 네가 일부러 내 성격 고치고 싶어서, 우리 사무실 동료들에게 내 단점 다 말했지?"라는 식의 질문과 의심들을 멈추지 못했다. 그때부터 B는 점점 죽어 가고 있었다. B가 아무리 남편에게 아니라고 말하고, 애써서 남편에게 다가가려 해도 남편은 벽을 쳐 놓고 가까이 다가갈 수 없도록 B를 멀리했다.

병원에서 나와서는 잠시, 한 십여 일 정도 나아진 것 같은 시간도 있었지만, 열흘 정도 괜찮더니 또 다시 아내에게 갑자기 태도를 바꾸어 돌변하기 시작했다. "너는 내 성격에 대해 전부 알고 있지? 됐어! 말 안 하겠어!" 이런 대화 외엔 그녀와 나누려 하지 않았고 남편은 점점 더 깊은 수렁 속에 갇혀 가고 있었지만 B는 그 사실을 인정하고 싶지 않았다는 말을 전해 왔다.

그리고 그는 5개월여 전부터 갑자기 밖으로 나돌기 시작했다. 아내가 얼마나 그런 걸 싫어하는지 아는 사람이었지만 나가서 새벽에 들어오기를 밥 먹듯이 했다. 원래 사무실 사람들에게 있던 화가 어느덧 B에게 와 있는 걸 느꼈다. 그러다 5개월이 흐른 시점 사연자의 남편의 말은 그동안 아내와 살았던 자기의 모습은 진짜 자기가 아니었다면서 이제는 자기가 어떤 사람인지 확실히 알았다고 말했다. 본인은 코디펜던트라면서 이제는 그렇게 살지 않겠다고 선언했고 자기 혼자 자신이 주체적으로 살고 싶다고 말했다. 그런 본인을 B인 아내가 이용하기 쉬웠을 거라며 저주를 퍼부어 댔다.

내가 읽은 사연으로만 이들의 관계를 보자면 B는 남편을 만나서 얻은 게 없다. 돈도 B가 더 많이 벌고 오히려 남편은 육아를 하던 시절도 있었다. B는 남편이 자존감이 매우 낮은 사람인 걸 그때는 알지 못했다. B는 남편이랑 지금 헤어지는 것도 두렵고 다시 같이 살아도 언제 또, 휙 바뀔까 싶은 그 점도 두려웠으리라. 주변 대부분의 사람들이 이 사연을 알고 이혼을 빨리 해야 된다고 말해 주었지만 B는 용기가 나질 않았다고 한다. 예전의 남편은 너무나 자상했다고 하니, 그 시절을 떠올리며 희망을 가지는 마음이리라 짐작된다. 그 즈음 남편은 망상이라는 진단을 받게 되지만 남편은 그 사실을 인정하지 않았고, 모든 것을 아내 탓을 하고 있는 시간이었다. 그녀는 우선 별거를 준비한다는 소식과 아이에게 그런 모습을 보이는 것이 안타까우며, 아이에게 자꾸 화를 내는 본인이 싫다고 했다. 왜 그녀는 이 상황에 연연하는지 내게 묻고 있었다. B는 강하게 정서적 독립을 원했다.

우선 나는 이런 상황의 B에게 몇 가지만 먼저 짚고 넘어가려고 한다.

첫 번째는 남편의 다정했던 시절을 잊으라는 것이다. 그 시절의 그는 그렇게 좋은 사람이었지만, 이제는 그가 아니라는 것을 받아들여야 한다. 사람은 그렇게 쉽게 다시 돌아오지 않는다. 그 시절이 끝이 났다면 그 사람도 이제는 다른 이라는 거다. 그리고 지금 상황은 B에게 남편의 사랑이 식었다기보다는 병이 악화된 것일 뿐이다. 그러니 더욱이 B의 손을 떠난 것이다.

무언가 말하고 노력해서 사람을 바꿀 수 있다는 생각은 절대적으로 틀린 것이요. 더군다나 지금 정신적으로 전혀 건강하지 않은 남편을 B가 어쩔 수는 없다는 것을 확실히 받아들여야 한다. B의 남편의 병은 흔히 말하는 조현병의 증상이다. 나는 이 병은 평생 치료가 어려운 병으로 이해하고 있다. 증상을 줄이는 것은 되고 지속적으로 치료한다면 희망이 없는 것은 아니지만 완치가 무척이나 어려운 병이다. B가 차라리 지금 이혼을 하는 것이 더 나은 선택일 수 있을 것이다. 하지만 지금 이혼을 원치 않으니 우선 별거부터 바로 시작해야 했다. B의 남편이 가진 조현병은 왠지 더 위험하단 느낌이 들었다. 그는 분노하고 있고 원망하고 있었기에 그 부분에 대한 확신이 설수록 그녀에게 무슨 행동을 할지 나는 알 수 없다고 여겼다. 더군다나 총기 사용이 가능한 그 나라에서 그녀에게 나쁜 일이 생기진 않을까 심각하게 걱정이 됐다. 그러니 빠르게 그녀가 '네 의견을 수용하겠노라'라고 하고 별거부터 들어가길 바란다. 아무리 분리 불안이 심

해도 목숨보다 중요할 수는 없다. 더군다나 아이도 있는 상황에서 가장 중요한 점은 아이를 지키는 것이니 말이다. 세상 내 아이만큼 소중한 것이 있을까?

정서적 독립을 하고 싶다고 했다. 물론 그녀는 정서적 독립을 할 수 있다. 아직 어릴 적 상처가 가시지 않아서 그 상처 안에 자리 잡은 아이가 자라지 못했고, 자존감이 낮은 상태라 힘든 것이 문제지만, 지금 당장 치료를 시작하고 자존감을 회복한다면 독립이 가능하다고 나는 믿는다. B는 이제는 더 이상 버림받았던 어린 아이가 아니고, 남편이 아파서 결국 B를 떠날 수밖에 없는 상황이지만, 그녀가 이겨 내려 한다면 이겨 내지 못할 일은 없다. 그녀가 원하는 것처럼 정서적 독립을 빠르게 하고 싶다고 해서 정서적 독립이 한 번에 되는 것은 아니다. 정말 오랜 시간이 필요하다. 한국 나이 서른아홉이면 정말 어떤 것을 시작하기에, 조금도 늦은 나이가 아니다. 그녀는 새로이 살 수 있고 정말 더 좋은 이도 만날 수 있다는 희망적인 현실을 받아들이기만 하면 된다. 용기를 내야 한다는 뜻이다. 그녀가 정서적 독립을 하고 나서야 별거를 시작하려고 하지만, 나는 별거부터 하길 권한다. 우선 위험한 상황에서 나와야 하니 별거를 시작하고 하고 먼 나라지만 그곳에서 상담을 받다 보면 조금씩 자라고 있는 또는 어느새 훌쩍 진짜 어른이 된 자아를 만날 수 있을 것이다.

나는 그녀에게 묻고 싶다. 힘을 내 줄 수 있는지를. 그리고 용기 내어 줄 수 있냐고 말이다. 어쩌면 남편도 치료를 꾸준히 받고, B도 치료가 훌륭히 잘 이루어지면 다시 만나 함께 다시 시작할 수 있게 될지도 모른다. 그렇게만 된다면 그때는 지금과는 다르게 행복해질 수 있다. 그러니 그 시간을 갖기 위해서라도 우선 아이와 그곳에서 나와야 한다는 것이 나의 첫 번째 조언이다. 아니 그 집이 아니라, 지금 그 정서적 지옥에서 나와야 한다는 뜻이다. 그녀가 꼭 용기 내어 줄 거라고 생각하고 다시 올 B의 글을 기다리고 있다. 나 또한 이 자리에서 끝까지 함께하겠다고 약속하고 있음을 그녀가 알기를 바란다.

그녀는 이어 내게 진정으로 감사한다는 내용과 함께 나의 제안이 큰 용기가 되고 마음의 안정을 찾고 있노라고 했다. 그녀의 지인도 B의 남편이 조현병이라고 했다고 전해 왔다. 남편은 온전한 정신이 아닌 상태임에도 불구하고 계속해서 바람을 피우기 시작했으며, 밖에서는 누가 보아도 남편은 멀쩡한 사람 같기에 아무도 자신의 말을 믿어 주진 않는 상태였으며, 서서히 자신이 죽어 가고 있었는데 나의 편지와 하나뿐인 아들을 보면서 숨을 쉬고 있다고 했다. 자살 생각도 몇 번 들었고 내 말처럼 분리 불안을 인지는 했지만 어떻게 극복할 수 있는지 제대로 치료 받은 적이 없어서 막막한 상태였으나, 본인이 어떻게 해야 되는지는 내 편지로 인해 조금이나마 더 명확히 알게 되어 기쁘다고 말해 주었다. 괴로울 때마다 내가 보낸 이 메일을 읽고 마음을 안정시키고 생활하고 있다고 했다.

나는 그녀에게 힘들 땐 항상 메일을 써도 좋다고 했다. 한국으로 돌아왔을 때 '꼭 안아 주겠노라' 약속했다. 마음으로나마 함께하니 혼자라는 생각을 버리기를 바랐다. 그래야 그녀가 조금이라서 발을 디딜 수 있다고 생각해서였다. 누구나 혼자라는 생각은 본인을 약해지게 만들기에 혼자가 아님을 느낌으로나마 느끼며 지내길 바라서이다. 그럼에도 불구하고 그녀의 새로운 편지에는 여전히 그녀가 힘들지만, 몇 달 전보다는 덜 고통스럽고 수면제 복용을 멈추었다고 소식을 전해 왔다. 그리고 그녀가 느끼기에도 이 문제의 시작은 남편이지만 나의 조언처럼 B 본인의 문제가 제일 큰 것이라는 것을 알게 됐다고 했다. 이미 본인을 떠난 남편에게서 벗어나지 못하는 B가 문제라고 느끼면서, 한없이 비참하고 본인에 대해서 자책하고 지내노라는 글을 전해 왔다. 본인을 이렇게 성장하게 한 엄마가 또 원망스럽고, 엄마가 본인을 여섯 살 때 떠나던 그날이 아직도 생생하게 기억이 나고 그래서인지 또 남편에게서 버려지는 기분이 강하게 들어 무섭다는 글이었다. 그럼에도 불구하고 자신은 상담을 하면서 남편과의 지난 9년을 다시 돌아보고, 남편에 대해 생각해 보는 시간을 많이 가지었고. 그러다 B는 깨달았다. B와 살면서도 남편은 지금 이런 문제를 일으킬 만한 전조 증상들을 보였었다는 사실을 말이다.

B가 그를 처음 알게 된 시기에 그는 인생에서 즐거움을 느끼는 것이 딱 두 가지로 보였다. 술을 마시고 이성들에게 관심을 받고 사는 것. 하지만 방탕한 삶에 중독되어 있던 그가 B를 만나고 가족을 만들면서 B는 그가 더 이상 그가 그런 삶에는 관심이 없는 줄 알았다고 했다. 하지만 그는 방탕한 생활을 참았을 뿐이었다. 참다가 일 년에 두세 번씩 꼭 그렇게 나가서 새벽까지 술집에서 여자들과 어울리며 유희와 쾌락에 계속해서 빠져 살아왔다는 걸 알게 됐다고 했다. 그런 이유로 싸울 때마다 B는 남편이 본인은 외도를 한 적이 없고 사람이 그리워서 술집에 가는 것이며 거기에 있는 사람들이랑 술 마시면서 이야기 나누는 것이 다라고하니 그냥 그렇게 믿고 넘어 가곤 했다. 매번 B의 남편은 입양아라는 신세타령을 하며 외롭다고 했고 자기가 술 마시러 가는 것과 일 년에 두세 번뿐이니 그 정도로 술 마시고 노는 점은 이해해 달라고 했다.

B는 나중에 안 사실이지만, B의 남편은 20대 초반에 클럽문화 완전 빠져 살았다. 그 이유는 클럽에서 이성을 만나고 여성들이 그에게 관심을

가지면, 자존감이 커지는 느낌이 들었고 그 점이 너무 행복했다고 말했다고 한다. 그는 계속 상담을 받으며 자기 자신은 이렇게 될 수밖에 없는 인생을 살았다고 받아들였고 그 점을 받아들이니 자신이 완벽해지는 것 같았다고 말했다. B는 그가 좋은 아빠이며, 좋은 남편이라고 믿고 살아왔다. 하지만 이런 상황에 놓이면서 그 모습은 본 모습이 아님을 알게 됐다.

B는 남편이 진심으로 행복을 느끼는 삶은 B가 원하는 그런 모습과는 거리가 많이 먼 사람임을 알게 된 것이다.

B가 이제는 여기까지 깨달았으며 B가 알고 사랑했던 남편의 모습은 그의 진짜 모습은 아님을 알았다. 아니 설사 그의 진짜 모습이었다고 우겨본다 해도, 그 다정했던 모습의 그는 이 세상에 없다는 걸 이제는 깨달았다. 그래서인지 더는 그를 기다리지 않았다. B의 남편은 본인이 어딘가에 소속되어 있고 싶고, 어울리고 싶은 욕망이 너무너무 큰 사람이다. 평생을 그렇게 살아온 것이다. 인정받고 싶고 소속되고 싶고 입양되었던 아픈 과거 때문인지 혼자 있는 것을 견디지 못하는 사람이었다. 가족이 있는 것은 그에게 부담이 될 뿐, 가족이 아닌 어딘가에 소속되기 위해 모든 걸 거는 사람인 듯했다. 하지만 가정에서 좋은 남편 좋은 아빠로 인정받는 것은 그에게 크게 기쁨이 되지 못한다는 걸 B는 알게 됐다고 전해 왔다.

B의 남편은 B에게 "가족이 뭔데? 난 몰라. 가족은 그냥 힘든 거야"라면서 소리를 쳤다. B는 남편에 대해 많이 생각하지만 지난 시간을 돌아보면서도 여전히 남편을 이해하진 못했다. 하지만 이런 사건들 속에서 예전보다는 남편을 이해했다. B는 생각했다 '너도 살려고 그러는구나'라고 말이다. B는 이제 그의 실체를 알았으니 더 쉽게 떠날 수 있어야 되는데, 아직도 어렵기만 하고 여전히 아프다고 했다. 그리고 내게 조언을 부탁했다. 어떻게 하면 분리 불안 장애를 극복할 수 있는지를 말이다.

나는 어떤 조언을 해 줄 수 있을까를 깊이 생각했다. 우선 B의 글을 몇 번이고 읽었다. '어떤 답이 좋을까?'라는 생각을 하면서. 천천히, 천천히 생각하며 글을 읽고 또 읽었다. 그중 가장 먼저 B에게 해 주어야 하는 답은 B가 여섯 살 때 버림받은 아픔을 어찌 없앨지 인 것 같았다. 우선 그 상처는 쉽게 없어지는 게 아니다. 어쩌면 그 상처는 평생을 갈 수도 있다. 하지만 그것이 B에게 아픔을 주고 있다는 것을 안 지금이 회복의 시작이라는 것을 말해 주고 싶다. 그리고 그걸 인지한 순간부터는 오래 걸릴지라도 서서히 많이 나아질 거라는 것을 말해 주고 싶다. 그것이 원인이 되어 이별에 취약한 본인인 걸 안다는 것으로 앞에 다가온 이별들이 그토록 고통스러운 것이 아니라, 그 시절의 고통이 있어서 현재의 이별이 더 아프다고 느끼는 것일 뿐 그것이 큰일이 아니라는 걸 이해해야 한다는 점이다

사람의 인연은 늘 같다. '회자정리', 즉 만나고 헤어지고 인연이 시작이 있으면 끝이 있다. 그러니 헤어짐이 좀 빠르다고 해서 죽을 만큼 고통스러운 일은 아니라는 것이다. 그걸 알고 있는 B는 이제 이별에 대해 조금 더 초연해질 수 있을 거라고 나는 믿고 싶다. B가 본인이 이별을 대할 때 타인들에 비해 취약한 것이 어릴 적 기억에 남은 상처 때문임을 안다면, 남편이 가진 이성애적 갈구 또한 트라우마에 의한 것이라고 생각해야 한다. 그런데 카멜레온 같은 변화무쌍한 기질을 가졌기 때문이라고 이해한다면 결코 남편을 용서 못할 것이다. 결국은 용서가 상대를 위한 것이 아니고, 나를 위한 것임을 우리가 알고 있듯이 B의 진정한 자유는 남편을 용서하는 데서 올 것이기에 말이다.

B의 남편이 이성을 갈구하는 것은 거기서 얻어지는 자존감 때문이 아니라, 어린 시절 제대로 된 사랑을 받지 못하고 인정받지 못한 그 어떤 상

처로 비롯되었다고 이야기하고 싶다. 그 상처 또한 깊은 치료 끝에서야 나아질 텐데 그런 의지가 없다면 그를 용서는 하되 이제는 같이하지 않는 것이 B와 아이를 위해서도 좋은 선택인 걸 B가 알아가기를 바란다.

'가족은 그냥 힘든 것'이라는 남편은 어린 시절 가족들 간에 친밀함이나 유대감을 갖지 못하고 상처만 받아 왔을 확률이 높다. 아마도 그의 어린 시절은 힘들고 외로운 환경 속에서나마 이성으로 위로받던 순간에는 행복했을 것이라는 점을 알 수 있다. 그 어떤 가족도 이해해 주지 않고 인정해 주지 않던 남편의 가치를 이성들은 달콤한 말들로 이해하며 그 순간의 이익을 위해 끌어안았을 테니 말이다. 그것에 중독이 되어 갔을 것이다. 그 순간에는 고통도 줄어들었을 것이다. 하지만 그도 돌아보면 B처럼 가엾은 어린아이가 아직 가슴에서 자라지 못한 상처받은 영혼일 뿐이다. 그러니 미워하지도 말고 생각도 하지 않도록 노력하고 용서해야 한다. 나는 참된 용서가 B에게 참된 자유를 줄 거라고 믿는다.

나는 B가 그 멀리서 날 기다려 주어서 진심으로 고마웠다. 나 또한 B의 소식을 기다린다는 걸 잊지 말기를 바랐으며, 힘들 때 그리고 내가 필요할 때는 언제든 글을 주기를 원했다. 반드시 B와 우리 모두가가 행복해질 것이며, 이 순간에도 행복할 수 있음을 믿고 이 모든 사연을 나누어 준 비에게 진심으로 감사한다.

"그도 돌아보면 B 님처럼 가엾은 어린아이가 아직 가슴에서 자라지 못한 상처받은 영혼일 뿐일 겁니다. 그러니 미워도 생각도 하지 않도록 노력하고 용서해 보세요.

참된 용서가 B 님에게 참된 자유를 줄 거라고 전 믿습니다."

- B에게 전한 글 중에서

case 3) 버려진 나에서 진정한 나로 거듭나기

결혼 이후 무관심해지는 배우자로 인해 우리는 버려짐을 경험한다. 그래서 원망하게 되고 그 원망이 또 다른 싸움을 만들고 둘 사이는 결국 멀어져서 이별을 결심하며 살아가게 된다. 하지만 그 무관심과 버려짐이라는 것이 누굴 향해 있는 것인지 스스로 알지 못한다면 절대로 그 안에서 헤어 나올 수 없다는 것을 나는 이 챕터에서 말하고자 한다. 누가 누구를 버려두는 것이나, 버려지는 것이 인간관계에서 가능할까? 나는 이것부터 묻고 싶다. 누가 누구를 버린다는 것, 그것은 쓰레기봉투에 담거나 아니면 무심결에 쓰레기통으로 던져 놓고는 다시는 그것이 생각이 나지 않을 때 또는 생각나더라도 어디서 찾아야 할지 모르거나 찾지 않아도 그만인 물건들일 때나 가능한 표현이다. 버려져서 그 어딘가에서 썩어 가고 있을 때 우리는 버려진 것이라 표현해야 한다고 생각한다.

그렇다면, 이러한 전제를 놓고 볼 때, 버려진다는 것을 경험하는 본인이 스스로 버려짐을 선택하는 건 아닐까를 고려해 보아야 한다. 내게 무관심한 상대를 향해 날 버려뒀다고 원망하게 되는 이유는 스스로 썩어 가고 있는 본인의 모습을 향한 분노일지도 모른다. 만약 내 스스로 생기 있게 살아가고 그 사람의 바쁜 모습에 원망보다는 날 위해 그 마음을 쓴다면 우리는 스스로를 썩어 가게 내버려 두지 않을 수 있다.

그런데 버려진 본인이 원망과 함께 더 깊게 어둡고 힘겹게 본인 스스로를 버려둔다는 사실은 자각하지 못한 채, 자신의 삶이 반드시 배우자에 의해 행복해져야 한다고 믿고 살아가기에 본인 스스로를 버리게 되는 건 아닌지에 대한 깨달음이 필요하다.

어떻게 사람이, 사람을 버려둘 수 있을까? 아, 아니다. 우리가 어린아이이거나 몸이 아프다면 다를 수도 있다. 움직일 수 없을 정도의 아픈 환자라면 반드시 돌봄을 받아야 하니 그럴 때는 최선을 다해 돌보아 줄 사람이 필요하다.

하지만 결혼 후 건강한 상태의 우리는 다르지 않을까? 내가 움직일 수 있고 내가 선택해서 내 삶의 방향을 택할 수 있을 때는 다르지 않을까? 묻고 싶다. 상담을 오는 분 중에서 대부분은 자신의 문제를 말하기보다는 상대방의 문제를 말하고 있다. 누구 때문이고 나는 희생했다. 또는 상대가 내게 어떻게 해서 그리고 그가 또는 그녀가 어떻게 해서 이렇게 내 삶이 엉망이 되었다고 말한다. 하지만 본인이 어떻게 했는지는 말하는 사람들은 드물다.

삶의 주축이 본인이 아니고, 타인이라는 사실을 강조하고, 그랬기에 상대 배우자는 또는 타인들이 안 해 주어서 내가 이렇게 불행하다고 말한다. 결국 본인의 삶의 주인이 본인이 아닌 채로 스스로 버려짐을 택했다고 말하고 있을 뿐 진짜 문제에 다가서지 못하는 모습을 보여 준다. 내가 버려진 건지, 내 스스로를 내가 버린 채로 있는 건지에 대한 확실한 깨침 없이는 그 자리에서 일어설 수 없기에 나는 본인 스스로를 돌아보는 것에 또는 지금의 모습을 보는 것에 중심을 두고 그들과 이야기 나눈다. 그러다 보면 사람에 따라 시간의 차이는 있지만 그들이 버려진 것을 선택하고 있고, 누군가 본인을 버릴 수 없다는 것을 알게 되는 순간 그들의 삶은 변화되어 가는 것을 보게 된다.

그들을 진짜 버릴 수 있는 것은 본인 스스로일 뿐, 그 누구도 본인들을 버리지 못한다는 것을, 그런 일은 벌어질 수 없다는 것을 알게 되고 스스로 일어서는 힘을 가진다. 이 챕터에서는 오랜 상담이 필요하지 않았던 한 상담자의 사연을 담아 보았다.

지치고 지친 자신의 삶이 얼마나 비참한지 이야기하던 그녀는 내 한 통의 편지로 스스로를 찾았고, 그렇게 버겁기만 하던 자신의 삶을 행복하게 만들었다. 그 방법은 딱 하나 버려진 나에서 자신을 찾아내었기에 가능한 일이었다.

[C의 첫 번째 소식]

저는 올해 30대, 남편은 올해 40대이고, 동거한 지는 3년차, 결혼한 지는 2년 정도 되었어요. 결혼업체 통해서 만나 너무 좋긴 했지만 이 사람이 어떤 사람인지 몰라서 결혼식도 1년 후에 하고 혼인신고도 거의 1년 뒤에 했어요.

결혼 전 남편은 집안일은 본인이 다 한다며 안심시켰지만, 혼인신고 후엔 약속을 지키지 않았습니다. 집안일을 나누며 조정을 했지만, 결국 남편이 화내며 분위기가 험악해져서 이제는 제가 다 하며 삽니다. 그럼에도 불구하고 집안일 구석구석에 트집을 잡으며 화내는 것이 일상입니다.

시댁에 가면 시누이가 남편 먹은 밥그릇은 남편 스스로 설거지통에 갖다 놓지도 못하게 합니다. 남편이 절 도와주는 것은 무조건 싫어하며 화를 냅니다. 또한 시누이는 제게 전화를 매일 해서 본인 남편 욕을 수시로 하곤 합니다.
시누이는 시어머니보다 시집살이를 더 심하게 시키며, 시어머니를 돌본다는 이유로 남편에게 매달 돈을 받아 가고 있습니다. 더불어 저는 남편과의 사이도 매우 나쁩니다. 그동안 참고 견뎠던 수많은 싸움과 상처들에 비하면 아무것도 아니지만, 제가 그동안 너무 쌓였던지라 "오빠 내가 너무 힘들어"라고 하면, 그동안 자기도 말 안 하고 참고 산다고 말하고, 이럴 거면 이혼하자고 합니다.

제가 정말 조심스럽게 얘기하는데도 뭐라도 조금 말하면, 결국 자기 불만을 얘기하며 항상 제가 혼나는 쪽으로 끝납니다. 항상 더 노력하고 더 맞춰 주려고 하는데, 요구는 점점 더 끝이 없어지고 싸워도 항상 제가 먼저 사과를 해야 집안 분위기가 편안해집니다.
고된 시누이의 시집살이에도 1년 동안 시누이를 같은 여자로서 느끼는 안타까움에 달래도 보고 잘 지내 보려고 노력하고, 의견을 이야기하고 불만도 표출해 보고 했지만 15살이나 많은 시누이의 철없는 행동과 외로움을 감당하기엔 제가 정신이 너무 피폐해졌습니다.

남편도 제가 힘들면 친정집에 가 있겠다고 하고 본인도 많이 당해서 그런지 본인이 조금씩 끊더라고요. 거의 몇 달 전에 겨우 많이 나아진 상태입니다. 시누이의 시집살이가 조금 나아지고 나니, 이제는 남편이 저를 함부로 대하고, 무시합니다. 버려진 기분이 들어요. 저는 결혼 전 과외를 하다가 결혼 후 이사하며 경제적 활동은 못하게 됐습니다. 그 뒤 제가 모은 돈으로 작은 가게를 오픈했지만, 남편이 저녁에 같이 있고 싶다고 하여 부부관계를 위해 가게를 접었습니다. 그렇게 저는 제 일을 접고 가정을 위해 최선을 다하려 하는데 이제는 자기는 힘들게 돈을 버니 집안일은 네가 다 해야 한다고 합니다. 본인 옷 손질까지 다 맡겨 버리고, 수선된 옷들이 조금만 마음에 안 들어도 소리를 질러 댑니다. 저희 모든 의견들은 무시되고 버려집니다.

남편이 생활비로 주는 돈은 250만 원이에요. 물론 적은 액수는 아니지만 저는 그 금액에 불만이 있기보다는, 남편의 태도가 힘이 듭니다. 본인은 일하고 힘든데 '너는 왜 놀고 먹냐'라는 메시지가 늘 남편의 말속에서 느껴집니다. 그러면서도 제가 제 일을 가지는 것은 반대합니다. 당장 이혼하려니 나이도 이제 나이도 ○○이고 당장 월세 보증금조차 없어서 막막해요. 하지만 이렇게 구차하게 사느니 나가서 자립하는 게 맞나 싶기도 하고 혼란스럽습니다. 남편의 기분이 안 좋으면, 눈치를 보게 되고, 제 속이 상하느니, 이유도 모른 채 바로 사과 하는 버릇이 생겼어요. 어제는 자기는 한번 뚜껑 열리면 뒤도 안 돌아본다고 말을 하기에, 저도 마찬가지라고 하니까, 제발 참지 말라면서 집에서 나가라고 말을 합니다. 지혜로운 결정할 수 있도록 조언 조금만 부탁드려요.

처음 나는 이 글을 읽었을 때 C를 따뜻하게 꼭 안아 주어야겠는 생각이 들었다. 그 생각이 드는 순간 당장이라도 C에게 가고 싶었다. 왜냐면 그녀는 젊고도 젊은 나이에 그녀의 삶이 이미 해가 진 상태라고 말하고 있었으며 스스로 그렇게 느끼고 있었기에 안쓰러운 마음을 나 또한 거둘 길이 없었다. 그래서 그녀를 만나 안아 주며 그렇지 않다고 내 온기로 그녀를 일으켜 세우고 싶어서였다.

유난히도 바빴던 편지 받은 날의 일정을 소화하고 일찍 잠이 들었던 나는 문득 4시에 깨어 C의 생각이 사라지질 않아 새벽에 일찍 출근하여 그녀를 위한 글을 썼다.

C에게 어떤 도움을 주어야 할지 생각하고 생각했다. 곰곰이 그리고 또 천천히 깊게 생각하고 그녀의 글을 읽고 또 읽었다. C의 글 한 글자, 한 글자 놓치지 않기 위해 열다섯 번쯤 읽고, 그녀의 삶의 한 번의 편지로 바뀌지는 않을 거라는 것을 잘 알기에 온 신경을 써야 했다.

그리고 정말 나와 C가 서로를 신뢰하기를 희망하며, 글을 보냈다. 나의 첫 제안은 이러했다. 그녀의 메일 내용 안에 아이 문제가 나오지 않는 걸 보니, 아직 아이는 없었다. 그래서 아직은 아이를 가지지 않도록 권했다. 그러니 우선 반드시 피임을 권했다.

그녀는 우선 피임을 시작하되, 그녀의 남편에게 알리지 않아도 된다. 아마도 그녀의 남편은 그런 걸 나눌 수 있는 정신적 여유도 없을뿐더러, 그녀에게 그 마음을 쓸 정도의 상태도 인성도 아니었다. C는 이혼을 안 할 거란 걸 나는 알았지만 그래도 그녀가 아직은 절대 아이가 생겨서는 안 된다는 것쯤은 알 수 있었다. 아이가 태어나면 그녀의 남편은 더욱 나쁜 남편이 되어 갈 것이고, 아이의 양육과 함께 그녀가 더 병들어 갈 거라는 걸 나는 그려 볼 수 있었기에 우선은 그 점을 중시해야 했다. 혹여 이혼을 선택한다고 해도 그녀에게 아이가 있다면 더욱 힘겹기만 할 뿐 지금의 상황에서는 예쁜 아가도 서로의 관계에 도움을 줄 수 없는 것이 분명했다.

나의 두 번째 제안은 ○○이란 나이는 원하는 그 무엇도 해낼 수 있고, 될 수 있다. 나는 그 나이에 사업을 시작했고, 그 전까지는 무어라 이렇다 할 뚜렷한 일을 가진 사람이 아니었기에 나는 그녀도 시작할 수 있음을 믿는다. 그러니 일을 시작하라고 권했다. 나는 그 당시 우울증도 심각했고 아이는 둘이나 딸린 정말, 그야 말로 무엇 하나 시작하기 겁나는 상태였다. 그러니 C는 ○○란 나이에 다시 한 번 자신감을 가져야 한다.

뒤이은 나의 세 번째 제안은 자신의 존재가 얼마나 귀한 존재인지 끝없이 반복해서 스스로 확인하고 그리고 확고히 생각을 다잡으라는 제안이었다. 누구나 그렇기에 C 또한 이 세상에 딱 하나뿐인 사람임을 알아야 한다. C의 친정 부모님이 어떤 분들인지 모르지만, 아마도 곱고 귀히 C를 키웠으리라 생각한다. 제대로 된 사랑을 표현하셨는지 또는 주지 못했을지는 모르지만 그래도 깊은 사랑을 가지고 낳은 내 귀한 딸이었음을 잊지 말기를 바랐다.

아마도 C의 부모님 중 한 분은 굉장히 엄하고 규칙을 중시해서 화를 잘 내는 부모님이었을 거란 생각이 든다. 그렇기에 C는 본인의 의사를 표현하기를 힘겨워하고 타인의 눈치 안에 살아가고 있는 것이라 판단됐다. 그리고 생각해 보아야 한다. 본인 스스로 생각해서 답을 찾아야 한다. 혹여 C가 이 자리에 있는 것이 아니라면, 내 딸아이가 나와 같다면 또는 내 여동생이 이렇다면, 혹시 내가 지금 답변을 하고 있는 글 속에 놓여 있는 사랑하는 이를 본다면 C는 그들에게 어떤 결정을 하는 것이 좋다고 했을지 깊이 고민해야 한다.

그 후 위 세 가지 나의 제안과 본인이라면 어떻게 할지라는 생각에 대해 확고히 다져진다면, 이제 행동을 해야 한다. 행동에 대한 나의 다음 의견은 이러했다. 첫 번째 남편의 억압에 맞서지도 그리고 그 말을 긍정하지도 말아야 한다. 그래야 지금부터 C의 진짜 삶다운 삶을 살아가시기 위한 시작이 될 것이기에 말이다. 남편의 어떤 부정적 단어에도 반응하지 않아야 한다.

그리고 그 말을 수긍하지도 말아야 한다. 만약 본인의 일을 시작하려고 할 때 남편이 일을 시작하려면 차라리 나가라고 윽박지른다면, 아직은 C가 나갈 용기가 없다고 말하고, 그저 살며시 웃고 말면 된다. 진실로 C인 그녀는 나갈 용기가 없었기에 싸우는 방법보다는 훨씬 나았다. 그게 아니라면, 그런 생각이 들게 했다면 미안하지만, 나는 우선 일을 하고 싶다 말하고 일을 해야 한다. 그렇게 이야기하고 허락을 구할 필요는 없다. C는 남편의 소유물이 아닌 걸 잊고 있는 것 같다. 본인의 의지를 행하지 못하게 할 수 있는 사람은 본인뿐이라는 것을 모르거나 잊고 살아온 것이다.

본인 스스로 얼마나 소중하고 귀한 사람인지를 절대 그 사실만큼은 양보하지 말아야 한다. C의 마음 안에서 본인의 가치를 놓지 말아야 한다. 그러니 우선 C는 일을 시작하면 된다. 비정규직이어도, 일용직이어도, 아니면 다시 과외를 시작해도 좋다. 무슨 일이면 어떠한가. 시작이라는 의미가 중요하다. 지금 그녀에게 가장 필요한 것은 무언가를 시작한다는 것이다. 그렇게 일을 시작하고 나서야 다음 단계를 논의할 수 있는 상태였다.

나는 C가 10년 뒤까지 이대로 살아간다면, 이혼을 하고 안하고의 문제를 떠나서 자신의 존재에 대한 한없는 폄하와 참고 살아온 울분만이 남아 있을 C를 미리 보았다. 그래서 이대로는 안 된다는 생각만 가득했다. 이 문제는 단순히 이혼을 해라 마라의 조언을 구하는 것이 아니라, C의 한평생을 어떻게 살아가고 어떤 존재로 이 세상에 존재할까를 결정할 심각한 문제였다. 지금 이순간의 이 심각한 문제가 이혼을 하고 안 하고의 문제로 종결이 될까? C는 우선 일을 시작해야 한다. 우선 첫발을 그렇게 디디고, 다음 단계를 이야기 나누어야 한다. 그 누구도 행동하지 않으면 그 어떤 변화도 오지 않는다.

C는 이혼을 해도 되고 안 해도 되다. 하지만 이대로 살아서는 안 된다. 만약 나에게 꼭 이혼할까 말까로 물으신다면, 아이가 없다면 당장 이혼을 하셔야 하는 거라고 말씀드리고 싶다. 하지만 아직은 용기가 없다. 자존감이 무너져 내린 상태의 C는 작은 아이 같은 상태이다. 그러니 이혼을 행하시라 권하고 싶지 않다. 우선 일을 시작하고, 남편의 어떤 말에도 싸우지도 수긍하지 않아야 한다. 철저히 따르는 듯 보이게 하더라도 결국은 C의 뜻대로 해야 한다. 가장 중요한 그녀의 뜻에 중심인 일을 가져야 한다. 그리고 그 시댁 식구들은 전혀 희망이 없다. 나이가 들어가면서 남동생 또는 오빠 그리고 아들 그리고 며느리며, 올케 그리고 아기가 태어난다면 태어날 아기의 영혼까지 휘두르려 할 것이다. 그들은 희망이 없다. 그리니 이제 C와 태어날 아기까지도 C의 행동에 의해 삶이 바뀔 것이다. 남편의 이상함과 시누이의 악의적 폄하와 철없음에 의미를 두지 말아야 한다. 그리고 탓을 할 필요도 없다. 가장 중요한 자신인 C만 생각해야 할 시간이다. 그러기 위해서 C는 일을 해야 한다. 돈 250만 원 아니, 2500만 원을 준다고 해도 그렇게 살아가서는 안 된다. 250만 원이라는 돈의 크고 작음의 중요성이 아니라. C의 존재를 폄하하는 250만 원의 가치가 너무나 하찮다.

C가 바라는 것은 그저 남편의 따스한 말 한마디 그리고 관심 한 조각뿐인 것을 모르는 남편의 말에 휘둘리며, 그 젊은 시기를 본인 스스로 많은 나이라 말하며 계속 그리 살아가는 것은 그 누구를 위해서도 좋은 삶이 아니다. 그 무엇을 해도 지금보다는 나을 것이라고 감히 말할 수 있었다. 절대 나의 글은 이혼을 감행하라는 섣부른 조언이 아니다. 그러니 이혼부터 생각하지 말고 판을 바꾸는 계기가 되어야 한다. 결혼 생활의 판이 아니라. C의 삶의 판을 바꾸어 나가자는 뜻이라는 말이다.

힘을 내야 했고, 이제는 행동할 때이다. 하루가 아까운 그러한 상황이니 말이다. 나는 C가 행동할 거라고 믿었다, 내가 보낸 글을 읽으면서 벌써 무얼 할지 고민하고 있노라고 답을 주길 간절히 기다렸다. C가 내게 모든 것을 털어 놓으며, 힘겨움을 나에게 나누어 주어서 감사하며 말이다. 나는 그녀를 만나는 날 그녀가 훌륭히 서서 살아가고 있는 모습에 감사하며 그녀를 꼭 그리고 다시 한 번 꼭 따뜻하게 힘껏 안아 줄 생각이다.

[C의 두 번째 소식]

선생님 안녕하세요. 일 년 전 보내지 못한 답장이 제 메일함에 있네요. 답장을 써 놓고 바로 보내지 못한 이유는 제 푸념만 계속할 것 같아서였어요.

선생님의 편지에 담긴 그 현실적인 조언과 가치관들이 저한테 어느 정도 체화되기까지 1년 정도의 시간이 걸린 거 같아요. 상황도 많이 바뀌었습니다.

제가 작년에 저런 상황에 놓여 있었네요. 정말 이혼 직전까지 갔던 상황입니다. 이혼이 아니더라도 남편이 저에 대한 존중이나 사랑은 눈곱만큼도 찾아볼 수 없네요. 지금은 웬만한 부부보다 잘 지내는 거 같아요. 저는 정말 최선을 다했고, 그걸 남편도 아는 듯했어요. 사실 저는 수행이 많이 필요한 사람이에요,

부모님에 대한 상처가 너무 깊지만 지금은 꺼내지 않으려고 해요. 꺼내면 아직은 너무 힘들어서요. 결혼해서 2년은 저도 남편도 시누이의 감정 쓰레기통이었어요.
저도 착한 딸 콤플렉스로 그렇게 힘겹게 살았는데도 또 결혼해서도 시누이 푸념과 원망을 또 다 받아 주고 있더라고요. 지금은 더 하다가는 제가 죽을 거 같아서 양쪽 다 안 하고 있어요. 남편도 시누이랑 연락을 많이 줄였어요. 너무 살기 편해요. 1년 전 선생님이 정신적 독립이란 말씀을 하셨을 때는 그냥 단어로만 와닿았지만 지금은 조금 알 것 같아요. 모두 선생님 덕분입니다. 정말 많은 일들이 있었지만 너무 이야기가 길어질 것 같아서 작년에 보내지 못한 이 메일을 먼저 보내드려요. 완전한 성인이 되기 위해 더 노력해야겠지만 작년의 악몽 같은 상황을 빠져나올 수 있게 저를 단련하게 해 주셔서 감사합니다. 밑에 메일은 작년에 쓴 것들이에요.

- 메일을 받은 날은 오전 내내 메일을 읽고 또 읽었어요. 알지도 못하는 저에게 이렇게 따듯한 말과 현실적인 조언들 해 주셔서 너무 감사드립니다.
우선 당시 상황은 평소처럼 제가 전화로 먼저 사과하고 풀지 않아 남편이 화가 나서 집에 들어와, 소파에서 잔 다음 그 다음

날 아침 저더러 오늘 본인이 들어오기 전까지 나가라며 친정 집에 가 있으라고 내 집이라고 하고 나갔고, 그날은 시어머니 생신이어서 만들어 놓은 것들 가져다 드려야 해서 결국 다시 제가 전화해서 같이 가자고 해서 다녀왔고 남편은 아무 일 없었다는 듯 풀린 상태입니다. 제가 그날 당장 남편말대로 나갔다면 저희 엄마와 시어머니 두 분한테도 대못을 박는 일이고 두 번 다시 돌이킬 수 없을 가능성이 커졌을 것입니다.

저는 그렇게 감정적으로 헤어진다면, 나중에 돌아보았을 때 '내가 최선을 다하지 않은 건 아닐까?'라는 후회 또는 '내가 쫓겨났구나'라는 원망을 가지고 남은 인생을 살아가고 싶지 않았어요. 그리고 용기가 없었던 것도 사실입니다.
하지만 알고 있어요. 그 말을 언제든 다시 꺼낼 수 있다는 것을. 그리고 이제 해 주신 조언대로 판을 바꿔 보려고 합니다. 상황을 자꾸 인식하고 내가 바꿀 수 있는 것들을 바꿔 보려고 해요. 일단 지금 상황에서 내가 통제할 수 있는 건 시간과 제 마음인 것 같아요.
제 자신의 힘과 내면의 자유를 갈고 닦는 기회로 삼을 것이에요. 하루가 아까운 상황이라는 말을 매일 가슴에 되새기려 노력합니다. 그동안 생각만 하고 행동하지 않았던 일들이 있었는데 당장 관련 지식도 찾아보고, 낮 시간에 다녀 보기도 하고 그랬어요.
그러고 보니 안락함에 익숙해져 시간을 너무 허비하고 살았던 것 같아요. 아침에 남편을 보내고 나서 한시가 아깝다고 생각하고 일단 밖으로 나가고 있습니다. 저한테 주신 세 가지 제안도 매일 되새기고 있어요. 마지막에 저 스스로에게 조언해 준다면 어떨지도 생각해 보라고 하셨는데 그 생각을 하는 게 조금은 두려워요.

– 주신 메일을, 매일 한 번 이상씩 읽으며 한 문장, 한 문장을 보석처럼 소중하게 생각하고 있습니다. 정말 감사합니다. 지금 이 순간에도 눈물이 나네요. 저한테 얼마나 큰 힘이 되시고 있는지 아마 짐작 못 하실 거예요.

"오늘 C 님의 글을 읽고 제가 살아 있어서 다행이고 행복하다는 생각이 드네요. 고맙고 감사합니다. 잘 살아가 주셔서요. 눈물이 날 만큼 고맙습니다."

– C의 마지막 편지를 받은 후

case 4) 중독된 외도에 벗어나지 못하는 배우자를 대하는 방법

〈부부의 세계〉 이태오가 소리친다. "사랑에 빠진 것이 죄는 아니잖아?"라고 말이다. 나는 그 장면에서 집안이 울릴 만큼 큰 폭소를 터트렸다. 오버하고자 한 것이 아니고 그 진지한 장면이 너무나 우스웠다. 정말 맞는 말은 맞는 말이 아닌가? 사랑에 빠진 것이 죄는 아니다. 하지만 두 명 하고 사랑에 빠졌다고 외치는 유부남은 유죄임이 분명한데 그는 자신의 합리화에 몸부림치고 있었다.

참으로 배우자의 외도를 겪는 남편과 아내들은 이 순간이 더 힘들다. 그들의 합리화가 미치도록 괴롭다. 이유는 그들의 합리화는 절대 미안하지 않다는 말과 동일시되기 때문이다. 그래서 가장 힘겨운 순간이 외도한 배우자의 합리화이다.

그런데 이 외도를 합리화를 넘어서서 습관화된 남편 또는 아내들을 지켜봐야 하는 결혼 생활도 있다. 그것을 왜 지켜보느냐고 묻고 자존심도 없냐고 묻는 이들은 그 고통에 처해 있는 그들의 심적 상태와 경제적 상황에 대한 괴로움을 전혀 이해 못한 것이다. 한마디로 정리하면 자기 일이 아니기 때문에 그렇게 쉽게 말할 수 있는 것이다. 내게 습관화된 외도를 하는 배우자를 둔 사연편지를 보내는 이들을 보면, 그들은 아직 아무것도 준비가 되어 있지 않은 사람들이 대부분이다. 경제적으로 건재한 남편들도 아이들을 떠나보내야 하거나 또는 아이들을 두고 나갈 아내에게 상처 받을 아이들을 생각해야 했고, 경제적으로 도무지 아이들을 부양할 수 없는 아내들은 경제적 자립의 시간이 필요하며, 정신적인 사랑이 남아 있는 이들은 그들을 사랑한다는 마음인지 오기인지 모를 무언가에 매달려 그곳에서 나올 용기를 못 내고 있었다.

나는 이들이 그 현실에서 벗어나지 못하는 고통을 공감하며, 그들을 응원해 주곤 했다. 그리고 그들이 차분히 생각할 시간과 그 문제에서 조금 멀어져서 바라볼 수 있을 때를 기다려 준다. 그러면 그들은 곧 그들 자신의 모습을 객관화하거나 아니면 그 상황을 인정하며 본인들의 인생을 선택해 냈다. 나는 방향을 제시할 뿐 그들에게 왜 그걸 못하냐고 탓하지 않는다. 객관화하지 못하는 것이 아니라, 하지 않는 선택을 하는 것으로 이끌려고 한다. 그렇게 그들이 선택에 책임지도록 도우려고 한다. 스스로 감정을 다스리고 있다는 것이 그들의 삶에 더 도움이 되기 때문이다. 즉 외도가 너 때문이라고 말하는 억울함을 어느 순간 스스로 당연시하며 그 삶을 받아들이고 있는 분들이 있다. 그렇게 그 고통에 익숙해짐을 지나서, 그들의 뻔뻔함에 반응하지 못할 만큼 익숙해진다. 그런 잘못된 감정에 중독되어 가고 있기 때문이다. 그런 그들에게 어서 거기서 나오라고 소리치고 잘못된 상황에 놓여 있다고 밀어붙인다고 해서 그들이 그 안에서 나올 수 있는 것이 아니다. 그런데 강압적으로 나오라고 소리친다면, 그들은 더욱더 그 안으로 허우적거리며 깊이 빠져드는 늪처럼 더 나올 수 없는 상태에 놓이고 만다. 그렇게 더욱 혼자 숨을 곳을 찾아야 하는 고립감에 시달리게 되기 때문이다.

그러니 그들이 어떠한 선택을 할 수 있는지를 생각하게 하고, 자신의 상태와 감정을 써 보도록 하고, 그렇게 차근히 자신의 인생이 본인이 선택한 삶인지를 생각해 볼 수 있도록 시간을 갖도록 하고 기다려 주는 것이 그 사람을 진정으로 돕는 길이다. 만약 그렇게 스스로 생각할 힘이 주어지면, 그들이 그대로 살아간다고 해도 그 고통에 대해 일상처럼 받아들이며 그 고통을 토로하며 사는 대신 외도를 당연시 하는 배우자를 기다리는 대신 자신의 삶에 집중할 수 있는 힘을 기를 수 있다.

아니면 그 상황에서 벗어나는 것이 옳다는 선택을 내린다면 그 상황을 서서히 벗어날 방법을 생각하고 조금씩 행동으로 옮기면서 불안을 떨치고 두려움과 맞설 수 있는 힘을 기를 수 있기에 말이다.

[D의 첫 번째 소식]

유튜브 방송 보고 용기 내어 메일을 보내 봅니다. 저는 올해 결혼 10년 차입니다. 연애를 3년 정도 하고 결혼을 했어요. 저는 30대 후반의 섬세하고 감성적인 사람이며, 현실적이긴 하나 마음이 약한 스타일입니다. 그리고 남편은 41살 개인주의적 성향이 매우 강한 그러나 도저히 알 수 없다고 느껴지게 만드는 남자입니다. 아이는 6세이며 남자아이이며, 저와 매우 잘 맞는답니다. 남편과는 결혼 전 연애 때는 부딪히는 일이 없었고, 결혼준비 기간에도 부딪히는 일이 거의 없었습니다. 매우 잘 맞는다고 생각했었습니다.

살면서 몇 차례 힘든 일도 있었습니다. 시댁이 형편이 어려워 회사에서 주는 사택을 신혼집으로 시작을 했습니다. 대기업 다니는 신랑 월급에 저도 맞벌이하며, 알뜰살뜰 모아 가며 살면 될 것이라고 생각하고 결혼을 하였습니다. 신랑의 원 가정이 화목하지 않은 것을 알고는 있었지만, 제가 자라온 환경과 생각보다 너무 달라 결혼 후 많이 놀랐습니다.
시댁은 신랑의 모든 부분을 부모로써 자녀를 공감해 주지 않았고, 감싸 안아 주고 이끌려는 하는 마음도 전혀 없이 남편을 키운 것 같았습니다. 시댁 식구들은 늘 제 남편을 책망하고 원망했습니다. 그런 점에 신랑은 어린 시절부터 많은 서운함을 느끼며 자랐다고 합니다. 제가 명확히 알지는 못하겠지만, 서로가 서로를 원망하고 싫어하지만 내치지는 않는 오묘한 관계로 보였습니다. 가족으로서의 따뜻함은 없었어요.

그러한 시댁 분위기에 적응하기 어려운 상태에서, 남편은 결혼 후 술자리가 잦았고 외박도 자주 했습니다. 저는 사회생활을 하고 업무 스트레스가 많으니 그럴 수 있다고 생각이 들어서인지 이해하며 크게 신경 쓰지 않았습니다.

남편의 잦은 외박과 술을 이해하며 살았습니다. 그러던 어느 날 남편이 결혼 직후 자신의 적금 일부에 손을 댔고, 큰돈은 아니어서, 뭐 그럴 수도 있지 하며 용서했습니다. 그런데 그 후로도 금전사고를 두세 번 가량 더 일으켰습니다. 남편이 명확한 사유를 알려 주지 않으려고 해서 듣지도 못한 채 넘겨야 했습니다.(신랑은 늘 집에 늦게 왔고 주말에 잠만 잤고 저는 홀로 육아에 지치고 신랑에게 실망하며 지냈습니다. 이런 결혼을 한 저 자신을 책망하며 살았죠. 그래도 저는 아기를 열심히 키워 왔습니다.) 시간이 흘러 아기가 어린이집에 다니게 되었고, 그때야 정신이 들어 신랑의 금전사고에 관심을 갖기로 하고 예의주시하였습니다.
그러다 우연히 그의 핸드폰을 보게 되었고, 그가 단란주점에 다니며 주식투자와 게임을 하며 지인과 돈 거래를 하는 것을 알게 됐습니다. 근 1~2년은 그것을 캐고, 추궁하면서 실망하고 회유하기도 하면서 제 자신을 다지며, 그를 고쳐 보려고 많이도 노력하며 버텨 왔습니다. 어떻게 해서든 저를 희생해서라도 가정을 지키고 싶었습니다.

싸움도 격렬히 하지 않고 이야기 형식으로 풀어 가려 했습니다. 혼자 상담도 받아 가며 그를 이해하려고 했습니다. 저의 인생의 가장 큰 목표는 행복한 가정이기 때문이었죠. 그러나 신랑은 도박중독에 빠진 후배와 자주 연락을 했고, 저는 그 후배와 남편의 전화를 들은 후에는 화를 냈습니다. 그 뒤로 남편의 핸드폰과 그의 약속일정을 체크하기 시작했고, 가끔 지갑도 뒤졌습니다. 그의 친구들 중엔 그에게 돈을 빌려 달라는 친구도 있었고 그와 단란주점 함께 가자는 친구도 있었고, 투자를 하라는 친구도 있었습니다. 지갑에서는 비아그라가 항상 준비되어 있었고, 때로는 콘돔도 가지고 있었으며, 내가 알던 그 남자가 아니었습니다. 그 순간에는 인정하고 싶지 않았고 믿고 싶지 않았습니다. 저에게 다정하진 않았지만, 예의를 지키며 말하던, 그 사람이 아니었기에 이제는 정말 그 사람에 대해 아는 게 없다는 생각이 들어요.

그러다 제가 이렇게 외박을 자주 하며 살 거라면 나가라고 했더니, 그 즉시 집을 나가 50일이 넘은 지금도 주말에 가끔 들어올 뿐 집으로 들어오지 않고 있습니다.
지금 사는 집은 친정에서 받은 돈으로 산 집이여서, 이혼을 한다면 이 집을 정리해서 부모님 돈은 꼭 돌려 드리고 싶습니다. 그래서 지금 이혼을 주저하고 있습니다. 저는 이 집을 잘 정리한 후 친정에 돈을 돌려 드리고, 서서히 그와 정리하고 싶어요. 저는 가정을 지키고 싶지만 그 사람은 한탕주의와 쾌락에 빠져 못 헤어 나올 듯하고 아무도 그를 제자리로 돌아오게 할 수 없다 판단했습니다. 그래서 이제는 아기와 저라도 살아야 하니 이혼을 결심하려 합니다. 세상에 태어나서 이렇게 나락으로 떨어지는 제가 너무 안타까워요. 선생님 저는 어떻게 해야 할까요?

선생님 방송 제겐 힘이 되었거든요. 어떠한 말씀이라도 부탁 드려 봅니다.

나는 이런 사연들이 오면 아주 조용한 공간에서 천천히 그리고 가만히 글을 읽어 본다. 그렇게 조용히 반복해서 읽다보면 사연자의 마음의 준비 또는 혼란스러운 마음이 느껴진다. 때로는 아무것도 결정하지 못한 상태인지까지 느껴지기 때문이다. 그래서 D의 사연도 천천히 몇 번을 읽은 후에 내가 얻은 결론은 그녀가 혼란스럽기는 하지만 자신의 갈 길은 정했다고 생각했다. D는 마음의 정리가 어느 정도는 되어 있는 상태였다. 나는 그렇게 느끼고 답을 했지만 정말 D가 그러한지는 D에게 더 깊이 생각해 보라고 글을 전했다. 본인이 물어본 답은 사실 본인이 가장 잘 알고 있을 뿐 아니라 다른 사람의 의견이 크게 중요하지 않기 때문이다.

내가 느끼는 D의 글에는 이미 남편이 정상적으로 살지 못 할 거라는 걸 잘 알고 있었다. 나 또한 그녀의 남편이 정상적인 남편으로 또는 아빠로 살 수 없다는 걸 그 짧은 글로도 알 수 있었다. 그러니 함께 살며 노력하고, 노력하고 또 애써 온 그녀는 누구보다 잘 알고 있을 것이다. D가 보낸 남편의 행동에 대한 짧은 글만으로도 가망이 없음이 보이니 그녀는 이제 어떻게 해야 할까? D는 우선 아이를 지킬 수 있는 방법을 찾아야 한다. 지금 상황은 친정에 돈을 돌려주고, 안 주고의 문제가 아니다. 그리고 그 문제가 그리 중요치도 않다. 그 돈은 D의 부모님이 D가 행복하기를 바라서 주신 돈이니 이미 돌려받을 생각보단 D가 잘살길 바랄 것이기에 말이다. 그렇다 해도 그 돈은 반드시 D가 찾아야 하는 돈이다. 분명 찾아야 한다는 사실은 맞다. 그 남자에게 '옛다' 하고 줘 버리면 그 돈은 허황된 남편의 손에서 공중분해 될 것이다. 또한 그녀와 아기가 살려면 그 돈은 절대적으로 필요한 상황이다.

우선 D의 남편이 고쳐질 수 없는 이유를 간단히 설명하려고 한다. 가장 큰 이유는 남편의 집안은 비 정상인으로 클 수밖에 없는 가정이었다. 그렇게밖에는 표현할 수 없다. 가족들끼리 경멸하고 미워하고, 인정의 말보다는, 미움의 언어만을 사용하는 양육 환경 속에서 고착된 부정적 성격과 성향 그리고 트라우마는 절대 바뀌지 않는다. 아마도 그가 좋은 가장으로서 변화할 가능성을 조금이라도 보려면 십수 년의 치료가 필요하고, 그 치료를 지속하기 위한 지독한 끈기와 치료의지가 뒷받침되어야 하는데 그는 그럴 의지가 없다. 누구나 물가에 데려간다고 다 물을 마시진 않는다. 자기 입에 썩은 물이 더 시원한데, 갈증을 느끼면서 십수 년을 견뎌 내는 사람은 거의 없다. 당장 날 시원하게 해 주는 썩은 물을 선택하며 살아갈 가능성이 짙은 사람이다.

그러니 D의 선택이 옳다. 그대로 산다면 D의 아이도 아빠같이 될 것이다. 하지만 D가 아이와 둘이서만 살더라도, 밝은 가정에서 자란 D처럼 밝게 가정을 꾸린다면 아이의 삶은 달라질 것이다. 행복한 가정이 엄마, 아빠가 모두 있어야 가능하다는 구태의연한 태도와 생각에서 나오길 바란다. 가정의 형태가 변할 뿐 달라질 것은 없다. 왜 가정은 엄마, 아빠, 아이가 있어야 한다고 생각하는 건지 모르겠다. 시작했으니 끝도 같아야 한다는 건 어떤 비즈니스적인 성공을 향해 갈 때나 적용되는 것이 아닐까? 삶의 형태가 다양하듯이 가정의 형태도 다양하다는 것을 이제는 받아들여야 하는 시대인 것을 잊지 말자.

[D의 두 번째 소식]

답장 메일 받고 정신 차리고 현실상황에 적응하려고 무던히 노력했어요. 선생님 방송을 듣고 책도 읽어 보기도 하면서 지냈습니다. 저의 상태는 남편은 8월말 가출해서 주말에 집에 왔다가 그냥 평범하게 생활하다가 집을 다시 나갑니다. 대화를 시도했지만 여전히 남편이 피합니다.
처음엔 월요일에 나와 아이를 놓고 가 버리는 남편에 모습에 상실감이 컸지만, 이젠 조금 적응이 되었어요. 이런 와중에도 여행도 다녀오고 결혼기념일에도 함께 식사했습니다. 남편은 함께 다니는 게 기쁘지 않아 보였고 저만 신이 나서 다닌 거 같아요.
그러다 남편의 카드사용 내역을 체크해 보기 시작했어요. 토요일 귀가 시간도 늦고 호텔이며 부산 여행을 한 사실도 알게 됐습니다. 가방과 지갑에선 여전히 비아그라며 콘돔이 나옵니다. 여전히 유흥업소에 다니는 듯하고 매주 여자와 바람을 피우고, 그의 가방 안에는 성인용품이 가득 들어 있어서 크게 놀란 사건도 있었어요.
여성들을 즐겁게 해 주는 기구들을 보니 정말 기분이 나빴고, 마음에 안정이 찾아지지 않았고, 오늘까지도 기분이 많이 다운되고 있어요. 저는 지금 살고 있는 집에 친정 돈이 많이 있어서 이 집을 처분해서 친정 돈을 돌려드리려고 노력 중이고, ○○년 입주예정인 청약 아파트가 있어서, 지금 공동명의 처리 중이어서 최대한 남편의 비위를 안 건드리고 있어요.

저와의 부부관계에서는 소극적인 사람인데, 제가 아는 그 사람이 맞는지 모르겠어요. 저에게 남편의 진짜 모습을 감춰 왔던 것 같고, 성관계가 남편에게 이 정도로 중요했다는 걸 몰랐어요. 알았다면 저도 정말 많이 노력하고 했을 것 같은데 왜 제게는 말하지 못했는지 모르겠습니다. 아직도 무덤덤해지지가 않아요.

길어지는 가출에 앞이 보이지 않는 상황에 그는 점점 더 타락하고, 아기와 저는 살아야 하고, 정신이 차려지지 않습니다. 어떻게든 이 상황을 잘 헤쳐 나가고 싶은데 너무 힘이 들어요.

우선 내가 여기서 먼저 하고 싶은 말은 남자들이 섹스를 하는 이유다. 그들은 섹스 상대인 여자가 섹스에서 만족을 할 때, 자신들이 쓸모 있다고 생각한다. 그럴 때 자신의 자아와 본인의 성기에 자신감을 가진다. 그래서 상대 여자를 행복하게 하는 섹스가 그 남자에게 즐거운 섹스가 된다. 그래서 그런 기구를 가지고 다니는 것이지, D의 남편이 그 업소 여자들을 즐겁게 해 주려는 게 아니다. 그것을 통해 본인이 즐거움을 얻는 것이다. 그러니 여자들을 즐겁게 해 주려고 이용하는 기구들에 신경 쓰지 않아도 된다. 정말 즐거움만을 위한 섹스라서 그런 기구를 이용하는 것으로 여기면 된다. 교감 없는 섹스에서 그들이 가질 수 있는 것은 쾌락뿐이니 말이다.

D는 지금 힘들어하지만 매우 잘하고 있다. 어떤 상황이든 D의 목표가 명확하고, 그 목표를 위해 마음을 다 잡고 그리고 한 발자국, 한 발자국 급하지 않게 힘들어도 잘 견디면서 천천히 이루어 가고 있다. 그렇게 하루

하루 보내면서, 집 문제가 해결될 때까지 아이와 행복한 것에 집중하며 지내고 있다. 화를 내기보다는 내가 하고자 하는 바를 보고, 자신의 목적에 집중하고 있지 않은가. D는 그렇게 아프게 하는 남편과의 여행도 다녀왔다고 전해 왔고, 그 여행에서 D는 행복하게 보냈다. 여러분은 혹여 그녀가 답답하거나 한심하고 그런 생각이 들지도 모르겠지만, 자존심 없이 어떻게 그런 남자와 지내면서 행복해하냐는 생각이 들지도 모르지만, 나는 생각이 다르다. 그럼에도 그녀가 그 시간을 행복하게 여긴다는 것이 현명해 보였고, D가 그 시간을 그냥 행복하게 생활하는 모습을 칭찬하고 싶다. 상황이 어떻든 간에 그 시간에서 행복감을 느낀다는 사실은 현명함을 넘어서서 현명함의 정상에 있는 이 시대의 현자의 모습처럼 여겨진다. 그럼 그렇게 계속 살면 되지 않을까 싶지만 그건 또 다른 문제이다. 지금은 그녀가 원하는 바를 위해 살아가면서 생기는 일들 속에서 그냥 마음을 편히 가지고 그녀의 행복을 즐기는 것이지, 그 상황이 계속된다면 그녀도 그 힘든 상황에서 행복을 느끼는 것에 한계를 느낄 것이기에 그건 옳지 않다. 지금 그녀가 원하는 바를 이루기 위한 잠시라는 한정적 시간 안에서 옳다는 것이다.

결국 D의 남편이 그 생활을 멈추지 않을 거란 걸 알고 있다. 그러니 지금 가진 목적을 위해서라도 조금 더 그냥 행복해하기를 바란다. 하지만 그 행복함에 취해서는 안 된다. 더불어 그를 구하겠다는 환상 속에서는 이제 나와야 한다.

그를 어디서 구해야 하는 건가? D와 아이를 구하기도 힘겨운 상황에서 무엇에서 그를 구할 수 있을까? 그를 구할 수 있는 것은, 신이신 하나님이시거나, 사람으로는 남편 본인뿐이다. D인 본인의 자책도, 베풂도 그에겐 다 짐이라 여겨진다. 그저 자신 행복하게 살아가는 데 방해만 하지 않으면 되는 존재로 여기고 있다. 그 사실을 D도 이미 알고 있다고 생각한다. D의 남편은 치료가 필요하다. 그런데 치료를 받을 생각도 없고, 가정을 지킬 의지도 없다. 그저 아내인 D가 그 자리 있고 싶으면 있으라고 하는 것이고, 있기 싫어도 상관이 없다. 물론 그도 마음이 편치는 않겠지만 그래도 그는 그 삶을 포기하지 않을 것이다. 불행한 엄마는 아이의 인생을 본인보다 더 불행하게 만들어 갈 뿐이다. D가 행복해져야 한다. 인생은 행복하기 위해 태어났다는 것을 D는 상기하며 그 진실을 절대 놓지 말고 생활해 가야 한다. '카르페 디엠'이란 명언은 술 먹고 놀 때 쓰는 말이 아니다. 지금 이 순간 살아 있음에 혹시 병이 들어 누워 있어도, 아픈 그 몸으로도 그 아픈 마음으로도 아름다운 것을 보려 애쓰고 행복해하라는 것이다. 삶은 행복할 수밖에 없어서 아름다운 것이다.

D가 남편과 부부인 채로 살든, 아니든 관계없다. 지금 D가 존재함에 감사하면 된다. 그리고 잘못된 선택이었다, 돌아본다 해도, 지금 D의 앞에 놓인 아이가 세상 더없이 엄마를 사랑하며 살아가고 있다. 그리고 D도 그 본연의 모습으로 얼마나 아름다운가를 알았으면 한다. 이 힘겨운 상황에서도 여행도 하고 괴로워하기보다는 좋은 것을 선택해서 움직이는 D가 자랑스럽다. 너무나 뿌듯하고 내 삶에 또 다른 기쁨이 되어 준 D가 나는 고맙다. D가 더 잘 견디며, 더 힘을 내길 바란다. 그렇게 잘 사는 모습을 보고 싶다. 그리고 삶과 행복이 같은 것임을 아는 그날까지 나는 D와 함께 걷겠다고 약속하려 한다.

[D의 세 번째 소식]

저는 선생님께 두 차례 이 메일 상담을 보내며, 선생님 말씀에 많이 힘을 얻고 객관적인 시각으로 하루하루를 살아가려고 노력하고 있습니다.
분양받은 집의 공동명의를 마쳤고, 그 사람이 호의적으로 잘 이행해 주어서 기분이 좋았습니다. 이제 현 집을 매매해서 친정 돈을 갚으면 제가 조금 홀가분해질 듯합니다.(이 목표가 저를 하루하루 살게 하는 것 같기도 합니다.)
최근 저는 다문화센터에서 진행하는 상담을 진행하며 남편의 사춘기시절 비정상적인 부모에게서 힘들었을 그를 생각하게 되는 관점이 생겼고, 나와의 결혼생활에서 미래를 준비하고자 하는 저의 의욕이 그를 부담스럽게 했다는 걸 알았습니다. 그래서 그의 성향에 맞지 않아 힘들었을 그를 생각해 보는 시간을 가졌습니다.
저의 지나치고 견고한 현실적인 성향에 '그 사람이 많이 힘들었겠구나' 생각했습니다. 그렇게 저도 저를 돌아볼 수 있는 시간을 한 주에 한 번씩 갖고 있습니다. 남편에게 기회가 된다면 "사춘기시절 유년시절 비정상적 가정에서 힘들었지? 참 너무 힘들었겠다"라고 위로도 해 주고 싶고, 나와의 결혼생활에서 내가 너무 나의 틀을 강요하고 남편을 무시해서 미안했다고 말하고 싶기도 했습니다.

그런데, 이번 주 ○월 ○○일 수요일 퇴근하고 그 사람이 다른 이성과 여수에 호텔을 잡아 여행을 간 사실을 알게 되었습니다. 둘이 케이블도 타고 맛난 것도 먹고 있는 그의 카드 내역을 보면서 피가 거꾸로 솟았습니다. 추억을 함께하는 여자라니 누굴까 너무 궁금하기도 하고 화가 나더군요. 제 감정이 너무 날뛰어 힘이 들었습니다. 아기와의 전화에 뻔뻔하게 거짓말을 하는 그의 모습에 여러 생각을 하게 됐어요.

그래도 오늘은 아침에 선생님 라이브방송도 보고 오랜만에 운동도 다녀왔고 그래도 '뭐, 주말엔 집에 오겠지'라는 생각에 한결 기분이 돌아오네요.

선생님이 전에 해 주셨던 그 말씀, 그 행복에 취하지 말라고 하셨는데 오늘도 방송에서 엄마가 행복한 모습을 보여 줘야 한다고 하셨는데 잊고 있었는데 반성해 봅니다. 짧게라도 좋으니 말씀 기다려 보겠습니다. 늘 삶에서 배워 가겠습니다. 늘 감사합니다. 선하고 따뜻한 마음 배우겠습니다.

나는 그녀의 편지를 받고 그녀가 아직 남편에게 깊은 사랑을 가지고 있다는 사실을 알았다. 그럼에도 불구하고 남편의 행동에 깊은 의미를 두고 생각의 꼬리를 물어 가며 본인을 괴롭히기보다는, 행복하기를 선택해서 살아가는 그녀가 기특하다는 생각이 들었다. 그 누가 편지 몇 통으로 행복해 하는 것이 인생이라고 말을 해 준다고 해서 D처럼 실행할 수 있을까. 나는 그녀가 인류애를 아는 사람이란 생각이 들었다.

참 사랑 말이다. 그녀는 늘 버릇처럼 내게 편지를 쓸 때 본인이 우뚝 서는 날 본인도 봉사하며 살겠다는 말을 전해 오곤 하는데, 그녀는 확실히 할 수 있다는 확신이 든다. 지금 그녀가 남편에게 참 사랑을 보여 주고 있으니 그 외에 사람에겐 더 깊은 사랑을 줄 수 있을 것이란 믿음이 생기기에 말이다.

남편이 여자랑 여행을 갔지만, 그래도 주말에 돌아올 걸 생각하면 기분이 나아진다는 말에 참으로 대단하다는 생각이 들었다. 그녀는 너무나 잘하고 있다. 그래서 고마웠고, 내가 이렇게 일하는 기쁨에 D가 주는 보람과 행복감은 지금까지 내가 살아온 세월 속에 느낀 모든 것보다 큰 것처럼 느껴졌다. 남편으로 인해 불행한 모습은 아이에게 세상이 불행하다고 느끼게 한다. 아이의 아빠는 나쁜 사람이 되어 버린다. 그럼 자신을 나쁜 사람의 자식으로 알고 자라야 하는 아이가 얼마나 힘들까. 자신을 스스로 사랑하는 것은 인생의 열쇠이다. 자존감이 없는 인생은 평생 스스로에게 짐을 지우고 살아가게 된다. 나쁜 사람의 자식이라고 생각하며 자란다면, 그 누가 됐든 자존감을 잃어 가며 성장하게 될 것이다. 그러니 우리는 부모로서 반드시 행복을 알고 행하고 느끼며 살아가야 한다.

어떤 사람이든 개인의 삶을 판단하거나 해서는 안 된다. 그 누군가는 D더러 왜 바보같이 당하고 사냐고 하겠지만, 그건 잘못된 판단이다. 정말 당하는 사람은 그 상황에 휩쓸려서 울고불고 불행한 삶을 살고 있을 때 이야기다. D는 화가 나지만 스스로를 다스려 가며 지내고 있다. D의 삶을 살고 스스로의 목표를 이루어 가며 답을 찾아가고 아이와 본인을 지켜 가는 D는 정말 그 누구도 따라할 수 없는 현명한 삶을 살고 있는 것이다. 그러니 기특하고 대단하다며 등을 토닥여 주고 싶다. 나는 오늘 하루도 그녀가 힘차게 그리고 따스한 햇살 속에, 따뜻한 미소로 아이와 행복하게 보내길 기도했다. 그리고 그녀가 준 응원에 힘입어 나 또한 포근하고 향기로운 하루로 마무리될 것 같은 하루다.

"누구든 개인의 삶을 재단하거나 무시하거나 하대하거나 할 수 없어요. 그 누군가는 D더러 왜 바보같이 당하고 사냐고 하겠지만, 그건 잘못된 판단입니다.
정말 당하는 사람은 그 상황에 휩쓸려서 울고불고 하고 불행해하고 있지, 날 다스려 내 삶을 살고, 내 목표를 이루어 가며 답을 찾아가며, 내 아이와 나를 지켜가는 D는 정말 그 누구도 따라할 수 없는 현명한 삶을 살고 있는 거예요."

– D와의 글 중에서

2

내 안의 '셀러브리티(Celebrity)'로 빛나게 살아가기 위해서

case 1) 내가 아름다운 이유를 나에게서 찾기

아름다운 것을 찬미하는 것은 인간의 본능이다. 길을 걷다가 문득 하늘을 보고는 파란 하늘 속에 뭉게뭉게 피어 있는 구름은 어떤 순간에도 아름답다. 그 구름 사이로 쏟아지는 햇살에 눈을 가로로 얇게 뜨면서도 우린 행복해진다. 왜냐면 그 반짝이는 햇살이 아름답다고 느껴서이다.

또한 우리는 외모가 예쁘고 멋진 연예인들을 보며 환호한다. 그들의 아름다움 또는 돈을 많이 버는 것을 부러워하기도 한다. 이래서 흔히 연예인들은 인기를 먹고 산다는 말들을 하는 것이다. 어쩌면 이미지를 잘 만들어서 이미지를 파는 직업인지도 모른다. 바로 이 한 가지가 그들의 힘든 점이다. 타인들의 인정과 관심이 필요하다는 점 말이다. 본인이 예쁜 걸 스스로 인정하는 것으로는 돈을 벌거나 인기라는 것을 얻을 수는 없다. 그러니 그들이 얼마나 고통스러울지 가늠해 볼 수 있다. 나만 괜찮으면, 내 스스로 나를 인정하면 되는 진정한 본인의 세상을 가지기 어렵기에 힘이 들고 연예인들의 자살이 많은 이유일 수 있다.

스스로의 인정만으로는 그들은 먹고살기 어렵다. 아름다운 외모의 기준이 '사회적 평균의 잣대보다 높다, 높지 않다'로 겨누며 살아가고 있다. 그래서 그들은 하루 한 끼만을 먹어야 하는 이유가 생기는 것이다. 즉 자신이 자신에게 만족하는 것만으로는 불안하다. 타인들보다 아름답지 못하면 또는 관심 받지 못하면 삶이 불안정해지는 직업이기에 말이다. 이로 인해 그들 세계에서 우울증을 앓는 이들이 많고 더불어 자살이 많은 이유를 짐작해 볼 수 있다. 하지만 공인이 아니어서 자유로운 우리도, 그 잣대에 메여 살고 있다. 우리가 행복해야 하는 이유는 누군가의 인정이 있어서가 아니다. 그런데도 우린 끝없이 타인의 인정에 목마르다. 타인이 어떻게 날 대하는지 또는 내게 무어라고 말을 했는지에 끝없이 매달리고 또는 다투기까지 한다. 불필요한 말에도 대꾸하고 따지기 일쑤이고 또 더불어 그 말에 대응을 안 한 후에도 혼자 마음 아파하며 곪아 가는 경우가 많다. 특히 결혼한 후 남편이나 아내의 말에 한마디, 한마디에 의미를 두고 속상해하거나 슬퍼하거나를 반복한다. 배우자의 말과 행동에 일희일비하는 모습으로 살아간다는 것이다. 내가 빛나는 존재라는 점은 태어나는 순간 이미 정해진 가치이다. 그 빛나는 나의 존재를 스스로 인정하면 된다는 것을 모른다. 하지만 부모의 양육으로부터 그 점을 깨칠 수 있다. 하지만 그 점을 알려 주지 못하는 부모 밑에서 살아온 경우 성인이 되면서 더욱 자격지심에 시달리게 된다는 것이다. 그 자격지심과 트라우마는 결혼 후에 배우자에게 배가 되어 들어나게 된다.

그 이유는 부모로부터 완전한 사랑을 받지 못해서이다. 무조건적인 엄격함으로 타인에게 예를 다하는 것에만 중심을 두어 교육시키는 경우가 대다수이다. 타인에게 피해를 끼치지 말아야 한다는 엄격하기만 한 규율 속에서 자란 경우 타인의 기분에 나를 맞추려고 한다. 부모의 엄격한 훈육은 본인을 무엇 하나 잘하는 것 없다는 기분이 들게 한다. 그런 시선 속에 자란 아이들은 늘 눈치 보게 되고 부모가 인정해 주는 말 한마디에 일희일비하며 성인이 되고, 결혼을 하면서 부모로부터 채워지지 않았던 결핍을 배우자를 통해 채우려는 마음이 들기 때문이다. 그렇지만 부모도 주지 못한 사랑을 내 배우자가 줄 거라는 착각은 또 좌절과 절망에 눈뜨게 한다. 역시 나는 이대로 갈 곳마저 없어진 쓸데없는 인간이라는 생각을 가지게 하는 것이다. 그렇게 태어날 때부터 가지고 태어난 아름다움을 내가 아닌 타인의 인정 속에 찾으려는 안타까운 허실로 인해 병들어 가게 된다.

내가 태어날 때부터 아름다웠던 사실뿐 아니라. 이제는 부모의 보호를 받던 어린아이가 아니고, 이미 내 것은 내가 다 채울 수 있는 성인이 되었음을 알지 못한다. 결혼을 하고 나서 우리는 이 사람이 날 이렇게 사랑해 준다는 사실에 목숨을 걸게 된다. 그것이 꼭 상대방을 사랑하는 나이기에 그것이 헌신이며 사랑이라고 말하고 있지만, 그것이 사랑이기보다는 그냥 자신을 스스로 인정하지 못하는 결핍과 욕심은 아닐까?

내가 아름다운 이유는 내 안에 있다. 남편의 사랑스런 말 한마디에 행복할 수는 있지만 그것이 전부가 되어서는 안 되는 이유이다. 내가 아름답다고 인정하는 것은 나하면 충분하고 그것을 만들어 가는 것도 인정해 가는 것도 나로서 충분하다는 것을 알고 난 뒤의 삶은 구름 사이로 비추는 햇살처럼 빛이 날 것이다.

[E의 첫 번째 소식]

저는 2년 전에 남편이 바람난 걸 알게 됐습니다. 그 후 1년 정도 만난 상간녀와 끝이 났다고 믿었습니다. 그런데 3개월 전에 다시 만나고 있다는 걸 알았습니다.
이혼을 하고 싶었지만, 아직 두 아이가 어리고 저 또한 남편과 헤어지기 힘들어서 용서하기로 마음먹었습니다. 남편은 지방 근무자라서 지방 숙소에서 지내고 주말에만 집으로 옵니다. 상간녀와 끝났다는 남편이지만 자주 저에게 짜증을 내고 작은 일에도 화를 냅니다. 저의 단점만 꼬집어 비난합니다. 제가 부담스럽고 답답하다 말합니다. 전화와 문자도 안 하길 바라고 당분간 자기를 내버려 둬 달라며 "시간이 필요하다"라고 해요.
저는 결혼하고 큰아이를 바로 임신했고, 직장을 다니다가 유산기가 있어서 퇴직을 했습니다. 그 뒤로는 계속 전업주부이고요. 남편은 결혼 전부터 끼가 많고 한눈을 팔았습니다. 신혼 때부터 과거 사귄 여자들과 나눈 문자를 걸려 왔었기에 믿음은 어느 순간 깨졌고, 사이도 나빠졌고, 그렇게 저는 남편을 미워하며 산 것 같습니다. 2년 전에 걸린 바람은 상간녀와 잠자리하는 상황 중에 통화버튼이 눌러져서 제가 다 듣게 되어 알게 되었답니다. 그 소리를 듣던 저는 정말이지 충격이 심했습니다. 그래서 병원에도 다녀야 했고 제대로 살 수 없을 정도로 망가졌습니다. 그 뒤 남편은 무릎을 꿇고 싹싹 빌었습니다. 그리고 3개월 전 다시 바람을 걸린 상대는 2년 전 그 여자입니다. 멈추었다가 다시 시작된 것이라고 생각돼요. 또 다시 끝났다고는 하는데 사실인지 모르겠어요. 주말부부라 감시도 못하는 상황입니다. 상간녀도 유부녀이고요. 저는 화가 날 때는 이혼을 하고 싶다가도 제가 진짜 원하는 것은 이혼하지 않고 잘 살아가는 것이라는 것을 압니다. 어떻게 해야 할까요? 자존감이 바닥을 친 상태이기에 일어설 용기조차 없습니다.

이 편지에서 가장 마음이 쓰이는 점은 E의 자존감이 바닥이어서 무엇을 할 엄두를 내지 못하는 점이었다. 나는 그녀가 자존감이 바닥일 이유는 전혀 없다고 생각한다. 잘못은 그들이 했고, 원래 바람기가 다분했던 남편의 바람은 약속되어진 것과 다름이 없는 일이거늘 왜 E가 자존감이 내려앉아야 하냐는 것이다. 그녀는 지금 상간녀 소송이나, 이혼 소송을 생각하기도 한다고 했다. 하지만, 나는 E가 남편이 2년 전에 만난 그 여자에게 상간 소송을 하기는 어렵다고 생각한다. 그 이유는 단순하다, E의 상간녀가 소송을 당하고 이혼을 당한다면 기댈 곳이 전혀 없어질 것이고, 그렇게 되면 상간녀는 지금 E의 남편에게 이혼을 옥죄어 올 수 있다. 그렇게 된다면 지금 여리고 약해진 E가 맞설 힘이 없을 때, 남편이 이혼소송까지 해 올 수 있다. 당연히 이혼이 판결되진 않겠지만, E에게는 더 힘든 시간이 계속 될 것이라는 점은 분명했다.

그러니 우선 E의 상황에선 소송을 접어 두고 해결해 가야 한다. 가장 급한 것은 E의 남편이 바람을 피우고 있다는 사실이 아니다. 그녀가 점점 자신을 잃어 가고 있다는 점이 더 큰 문제이다. 하지만 왜 그런 여자 때문에 우리가 자존감이 상해야 할까?

더 가치 없는 것은 그 여자임이 분명했다. 그 상간녀인 유부녀가 화려하고 멋진 일을 하고 있다고 해도 그런 행동을 하고 사는 여자인데 무슨 가치가 있을까?

그런 생각은 쓰레기통에 줘 버리고, 우선해야 할 것만 이야기하자면 우선 본인을 아끼는 것에 최선을 다하면 된다. 지금 이 순간 그녀의 우선순위는 아니, 늘 그녀의 우선순위는. 절대로 타인이 되어서는 안 된다, 언제나 우선순위는 본인이어야 한다. 그러니 지금 E가 해야 하는 일은 자신을 위해 무언가를 할지 찾아야 하는 때이지, 남편의 바람에 치우쳐서 자신을 서서히 자신을 죽이고 있을 때가 아니다. 계속 이렇게 지낸다면 남편의 바람으로 인한 아픔도 아픔이지만, E의 아이들에게 나쁜 영향을 미칠 것이다. 부모가 서로를 대하는 태도로 아이들은 세상을 배운다. 아니 때로는 그들의 표정에서 세상을 읽어 낸다. 그래서 아이들은 그들의 감정과 표현에 의해 채워져 가는 존재들인 것이다. 그러니 아이들이 부모가 싸우는 것을 보는 것은 좋지 않다. 더 나아가서는 싸우는 것보다 엄마가 아빠를 미워하는 것을 느끼는 것이 아이들을 더 힘겹게 한다. 이유는 아이들이 엄마를 힘들게 하는 아빠를 또는 아빠를 힘들게 하는 엄마를 사랑하면서 동시에 미워하게 되는 양가감정을 가지게 되기 때문이다. 이 양가감정은 정서적 방황을 불러일으킨다. 사랑해야 할지 미워해야 할지 늘 고민해야 하고, 그 감정 안에서 어느 한쪽으로 결정내리지 못하면 성장한다. 그렇게 긴 시간을 보낸 뒤에는 우울과 조울이라는 두 가지 감정이 두드러지고, 혼란을 주며 고착된다. 그렇게 될 때 아이들의 정서적 성장에 악영향을 끼치게 되는 것이다.

엄마라는 존재는 세상에서 가장 아름다운 존재이다. 단어 '엄마'의 의미, 아름다운 단어로서만이 아니라, 내 안에서 가장 아름다운 존재 그렇게 사랑하는 엄마의 고통은 아이들에게 전해진다. 늘 엄마와 연결되어 있고 싶은 아이들의 마음은 그렇게 그녀의 감정과 그녀의 언어로 풍요로워지거나 또는 죽어 가기도 한다. 아이들은 태어나서 가장 처음 사랑 받고, 사랑할 존재로 엄마를 받아들이고, 처음으로 인정받고자 하는 대상을 아빠로 받아들인다. 그렇게 사랑과 인정이 넘쳐야 하는 관계가 되어야 하는데, 그 관계가 어두워져 갈수록 아이들의 영혼에도 그림자가 드리우기 때문이다.

E에게 난 메일을 자주 달라고 말했다. 그 대신 솔직히 이야기하고, 그 메일 안에 분노와 화를 풀어 놓으며 회복이 되길 바랐기에 말이다. E가 남편을 미워하고 화를 내는 것은 둘의 관계에도 그리고 지금 E와 아이들을 위해서도 백해무익할 뿐이기에 말이다. 지금 E가 집중해야 하는 일과 감정은 아이들과 어떻게 하루를 즐겁게 보낼 것인가이며, 지금 본인의 삶을 사랑하고 살아가야 한다. 그렇게 살아갈 때 남편이 제자리를 찾든 찾지 않든 건강한 가정으로 자리 잡아갈 것이기에 말이다.

독자들의 입장에서도 생각해 보시길 바란다. 그렇게 살아가는 남편? 그런 남편? 그까짓 짓거리나 하고 다니는 남편이 E에게 최고의 가치여야 할까? 그렇지 않다. 그저 돈을 벌어오는 머슴쯤으로 여기는 마음이 생기면 된다. 그렇게 멀게 높이 서서 바라봐야 지금의 상황을 이겨 낼 수 있다. 아이들의 생계가 막혀서 먹고살기도 힘든 시절 우리 어머니들은 아이들 입에 밥을 먹이기만 하면 소원이 없던 시절도 있었다.

E의 남편이 성실히 돈을 벌어 오고 있고, 대놓고 바람을 피거나 나가서 살림을 차린 상황은 아니니, 조금 이 상황이 나아지도록 노력을 해 가면서 상황을 지긋한 맘으로 바라보자. 그렇게 마음이 여유로울 때 삶은 남

편의 바람과 관계없이 제자리를 찾아갈 것이라고 나는 확신한다. E가 남편의 사랑에 그리고 인정에만 목마르게 있지 않았으면 좋겠다. 그 상황에서 그녀가 나와 주길 나는 바란다. 그렇게 그녀를 위로하는 글을 보냈지만, 답변은 여전히 그녀는 그 감정에서 나오지 못하고 있다는 두 번째 소식을 보내 왔다.

[E의 두 번째 소식]

남편이 상간녀랑 끝났다고 하면서도 전화도 톡도 하지 말라고 하는 것은 왜일까요? 제 전화번호만 떠도 답답하다. 스트레스가 심하다. 그리고 제가 부담스럽다는 건 무슨 뜻인 거죠? 아직 상간녀가 좋고 정리되지 않았기 때문에 저한테 이러는 것일까요? 상간녀는 남편 직장 근처에 살고 있습니다.

아직도 진행 중에 있는 거겠죠? 그냥 버리고 싶다는 생각이 들다가 누구 좋으라고 이혼을 하냐 싶고 이 생각을 떨칠 수가 없어요. 힘들 때마다 메일 보내도 된다고 하시니 너무 감사합니다.

이 두 번째 소식을 읽으며 나는 E에게 E의 남편의 바람이 진행 중인 것이 중요한 건지 남편과 앞으로 어떻게 지낼지가 중요한 건지 깊이 고민해 보길 바란다.

E가 지금 남편에게 연락을 하는 것은 도움이 되지 않는다. 되돌아오는

날카로운 답변에 상처만 깊어 갈 뿐이다. 그러니 남편에게 연락은 하지 말고, 그저 스스로의 마음을 다스리는 것에 더 집중하며 생활하는 것이 훨씬 옳다. E의 남편이 대답하는 '부담스럽고 갑갑하다' 등등 하는 말들은 바람나거나 바람을 피운 후 하는 배우자들의 공통된 대답일 뿐 아무 의미도 없는 말들이다(일명 헛소리). 어쩌면 본인이 그런 말을 했었다는 사실조차 모르고 있을지도 모른다. 그러니 크게 개의치 말고 그냥 내버려 두면 된다.

남자들의 특성 중 동굴에 들어 앉아 있어야 하는 시간이 필요하다는 것쯤은 모두들 알고 있는 기본 상식이다. 그들이 동굴에 들어가고 싶어 할 때, 쫓으면 더 멀리 도망치는 묵혀 있던 본성이 드러난다. 그냥 잠시 내버려 두면 된다. 남편에게 연락을 하고 싶을 때는 차라리 E가 행복하기 위한 것에 집중하면 된다. 그렇게 스스로 한 걸음, 한 걸음 나아가도록 노력할 때이지 남편이 왜 연락하지 말라고 하는지 묻지 않아도 아는 뻔한 답에 매달리며 시간을 낭비하고 있을 때가 아니다. 굳건해져야 할 시간이다.

유책주의인 우리나라에서 바람을 피운 유책 배우자가 이혼을 하자고 한다고 해서 이혼이 성사되는 일은 절대 없다. 이혼하고 싶지 않다면 이혼해 주지 않으면 된다. 이혼 당할 일은 절대 없으니 지금은 마음을 건강히 챙길 때이다. 이혼을 하는 그 순간보다 이혼을 해야 하는 건지, 말아야 하는지를 고민하는 시간이 훨씬 힘들다. 오늘은 오늘 일만 생각하며 기뻐하는 것이 인간의 삶이 가진 특권이며, 어떤 일이든 순리대로 풀린다. 내 반 백 년의 세월 속에 수도 없이 느꼈던 진리이다.

[E의 세 번째 소식]

> 남편이 오늘 못 온다고 연락이 왔습니다. 일이 바빠서 내일 온다고 합니다. 거짓말, 다 거짓말 같아요. 저는 너무 슬프지만 아무렇지도 않은 척했습니다. 아무렇지도 않을 수 있을까요? 이런 세월이 몇 개월 아니 몇 년을 견뎌야 한다면 저는 자신이 없습니다. 너무 비참합니다. 작가님께 이렇게 솔직한 제 맘을 털어 놓을 수 있어서 숨을 쉬고 있습니다.

이 소식을 받았을 때 E의 가슴은 얼마나 무너져 내렸을까 싶어 안쓰럽다. 하지만 그저 '그가 일이 바쁘구나' 하고 생각하게 된다면 가슴이 무너져 내리지 않아도 된다. '지금은 그래 일이 바쁜가 보다' 하고 '그의 말이 맞다'라고 생각하면 더 속이 상할 일이 없다. 거짓말인걸 아는데도, '어떻게 그렇게 생각할 수 있습니까?' 하고 말한다면, 그럼 거짓말이라고 생각하고 괴로워하는 것은 좋은 것이 있냐고 나도 묻고 싶어진다. 그냥 지금은 바쁘고 제자리를 찾아 돌아올 때쯤 그가 바빠지지 않고 너무 한가해서 지겨워질 순간이 올 것이다. 어쩌면 그가 돌아오는 순간에는 더욱 폭풍우 치고 더 힘겨운 시간이 될 수도 있다. 이혼은 배우자가 바람을 피우고 있는 순간보다, 바람이 잠잠해지고 평온하다고 생각되는 순간, 유책 배우자들이 돌아오게 되는 때에 이혼이 실행되고는 한다. 이제는 갈 곳이 없어진 유책 배우자를 향해 남겨져 있던 배우자는 이혼을 외치곤 한다. 그때 분했던 일들에 대해 다시 책임을 묻고 벌을 주고 싶은 마음이 강하게 들기 시작하기 때문이다. 그러니 배우자가 바람에 의한 괴로움의 깊이가 회복될 때 가정을 깨게 만든다. 그 시간이 지나서 가정과 행복을 되찾기 위해서는 지금 당장 편안하고, 지금 행복해야 한다. 다른 시간이 아니라 지금 바로 당장 행복해지길 선택하길 바란다. 내 삶의 생각과 감정은 나의 선택에 의해 결정될 뿐 그 누구도 침범할 수 없는 영역임을 잊지 마라.

[E의 네 번째 소식]

저는 우울증인가 봐요. 잠을 못 자서 괴롭습니다. 남편에게 당분간 아무 말도 안 하는 것이 맞을까요? 남편이 저를 비난하고 무시하는 말을 해도 참아야 하나요?

잠도 소파에서 자려고 하는데 그냥 그렇게 하게 둬야 할지…. 저는 너무 무기력합니다. 나도 모르게 그 사람 눈치를 보고 비유 맞추는 제가 싫어요. 스스로 판단을 못하고 있어요. 제 생각대로 행동하기에 자신이 없어서요.

나는 우선 E가 그녀의 남편이 그냥 무얼 하든 그냥 두기를 권하고 싶다. 하지만 그렇다고 해서 E를 무시고 멸시하는 말은 그냥 넘기지 말고, 조용하고 침착하게 그런 말은 삼가 해 주길 부탁하면 좋겠다. E가 '무시하지 말아 주세요'라며, 비굴해지라는 말이 아니다. 낮고 침착하되 적어도 아내를 존중하는 것이 옳다는 건 잊지 말아야 한다고 짚어 주어야 한다. 남편의 사랑이 식었다고 E의 가치가 폄하되어서는 안 되는 것이고 가치가 낮아지지도 않는다. 바람나서 미친 상태인 남편이 소파에서 자든 베란다서 자든 본인이 할 탓인 것을 어디서 자든 신경을 쓸 필요가 없지 않은가.

소파에서 자든, 베란다에서 자든 그는 어린아이가 아니다. 소파나 베란다서 자다가 허리 아프거나 춥거나 힘들면 스스로 자기 자리로 옮겨 올 것이다. 타인은 자신의 필요에 의해 움직이지 나로 인해 변화되지 않는다는 사실을 받아들이길 권하는 바이다.

누군가 나를 싫어하는 사람이 있으면, 우린 모두 그 사람이 날 왜 싫어하는지 알려고 하거나 또는 싫어하지 않게 하려고 해서 눈치를 보게 된다. 누군가가 날 싫어한다는 사실이 스스로에게 가치가 낮아지는 듯하거나, 누구 하고든 잘 지내야 한다는 이상한 강박적인 감정이 들고, 날 싫다고 하는 사람에게 더 잘하려는 마음이 든다. 하지만 누구든 날 싫어할 수도 있고, 싫어하다 좋아할 수도 있고 또는 지나치게 사랑하다가 미워하기도 한다. 대부분의 사람들은 감정이 한번 결정되고 나면 바뀌기 힘들다고 생각하고, 사랑한다고 했으면 죽을 때까지 사랑해야 하고 누군가 날 싫어하는 것을 견디기 힘들어한다. 그렇지만 우습게도 사람의 감정이란 것이 손바닥 뒤집기보다 더 쉽다는 것을 모르는 것 같다. 날 싫어하는 사람의 눈치를 보며 그 사람의 감정을 내 마음대로 해 보려고 마음먹기도 하고, 날 좋아하는 사람에게 미움 받지 않도록 최선을 다해야 한다고 여긴다.

하지만 진실은 그 사람이 날 싫어하고, 안 싫어하고는 나한테 달려 있는 것이 아니라는 사실이다. 아니 오히려 타인의 감정이기에 타인이 결정한다. 그럼에도 불구하고 우리는 그 '타인의 감정을 조절'하려는 어처구니없는 노력을 하곤 하는 것이다. 하물며 지금 E의 남편은 제정신이기 힘든 인생 제2의 사춘기를 겪고 환자에 가까운데 말이다. 그렇기에 E의 남편은 어떤 말에도, 어떤 문제에도 움직일 상태가 아니다. 그러니 E도 그걸 받아들이고 충실히 본인의 삶에 더 집중해야 한다.

보라 조금만 생각해도 알 수 있는 일이다. E가 그의 눈치를 보며 생활할 정도의 가치가 없다. E의 스스로의 가치가 더 높다. 그녀는 그 힘든 상황에서 가정을 지키기 위해 고군분투하며 자신의 감정에만 치우쳐서 생활하고 있지 않고 어떻게든 사랑이 있는 가정을 만들기 위해 자신을 지켜내고 있으니 말이다.

E는 남편이 자신을 사랑하지 않아서 힘들다며 소식을 전해 왔다. 이혼은 안 하겠다는 남편의 마음은 무엇이냐고 내게 물어왔다. 하지만 내가 E도 모르는 남편 마음의 모든 것을 어떻게 알까? 그저 E가 남편의 마음은 그 사람의 마음이니 어쩌려고 하지 말아야 한다는 것은 안다. '어쩔 수 있는 것!'은 E의 마음뿐이다.

지금 시점에서 E가 이혼을 하고 못 하고는 중요하지 않다. E의 목적이 남편의 사랑받는 것에 꽂혀 있다면 E는 불행할 수밖에 없다. 지금 E가 남편에게 사랑받는 것을 중요시 여긴다는 것만이 문제는 아니다. 결혼 생활 내내 지속적으로 그래 왔을 것이 문제다. E는 지금부터, 아니 지난 시간에 스스로를 첫 번째로 사랑해 주었어야 한다. 나 아닌 타인의 사랑을 받으려는 것이 삶의 목적이 되어서는 안 된다. 왜 누군가의 사랑을 받지 못해서, 그 점에 메여서 감정을 소비하고 자신의 행복한 삶을 소비하는지 모르겠다. 그저 스스로를 사랑해 주면 충분한데 말이다.

E가 계속해서 남편의 사랑만이 인생의 목표인 듯 살아가게 된다면, 그 모습 그대로 E의 아이들이 타인의 사랑에 목마른 채 살아가게 될 것이다. E가 자신의 아이들의 삶이 타인에게 '사랑을 받고 안 받고'가 최고의 목표가 되어 살게 하고 싶은지 묻고 싶다. 그런 의도가 아니라면 엄마로서 본이 되어야 한다. 딸들이 남편의 사랑 없이는 불행해하는 여자로서만 살게

하고 싶은 걸까? 본인은 그렇게 살면서 딸들에겐 그렇게 살지 말라고 말하면 될 거라고 생각하시는 건 아니길 바란다.

"일이 바쁜 게 맞아요. 지금은 일이 바쁜 게 맞습니다. 하지만 어느 순간 바빠지지 않게 될 거예요. 편안하고 예뻐지고 행복해져야 해요. 그럴 수 있다면, 머지않아 모든 게 잘될 거예요. 꼭."

- E에게 보낸 글 중에서

case 2) 남편과 일하는 여자, 아내와 일하는 남자

바람을 피우는 대상 중 1위는 오피스 와이프 및 오피스 허즈 밴드라는 말로 불리는 직장 동료이다. 사실 바람의 대상이 직장 동료일 때 문제 해결이 가장 어렵다.

왜냐면 나와 내 아이들 그리고 내 가정의 경제적 문제가 같이 포함되어 있기 때문이다. 그 문제를 뒤로하고라도 회사 일에 관해 연락을 주고받는다고 할 때, 무어라고 반박할 말이 없기 때문이다. 심증은 가지만 물증을 잡을 수 없을 때, 가장 곤란한 상황이다. "그냥 연락을 끊어 버리거나 상대하지 마!"라는 말조차 불가능하다. 둘 사이에 무언가 있음에도 불구하고 떳떳이 만나며 또는 어쩔 수 없이 만나게 된다. 그리고 그들은 공통된 관심사를 나눌 수 있다. 그래서인지 잘 통했다는 표현을 써 가며 자신들의 입장을 항변한다. 그 변명이 수긍이 가는 상황이기도 하니 막상 거기에 대해 무어라 반박하기도 어렵다. 그렇게 '그저 집에서 살림이나 하는 나는 답답하단 건가?' 하고 자책하게 된다.

그런 순간에 우리는 아무것도 할 수 없어 망연자실한다. 해결을 하려고 하면 할수록 의부증 또는 의처증으로 몰아세우는 상대방에게 반박조차 어려운 경우도 허다하다. 이런 경우 '나는 어떻게 해야 할까?'라는 황망함에 많은 이들이 나를 찾아온다. 그럴 때마다 나는 우선 본인을 바꾸는 데 시간과 열정을 투자하라고 말한다.

왜냐면, 그 남자 또는 그 여자가 지금은 나를 보지 않는다는 것이 분명한 지금 우리가 할 수 있는 것은 내가 나를 보살피는 것이기 때문이다.

나의 대답은 어떠한 경우에도 한 가지로 정리된다. 우선 나를 제대로 바라보기 시작해야 한다는 것이다. 나의 부족한 점을 보라는 것이 아니다. 나의 귀한 부분을 보라는 것이다. 내가 얼마나 소중한 사람인지부터 알고, 나를 위해 무언가를 하기로 결정할 때 남편이나, 아내로부터 받은 상처로 자유로워지며, 그 자유로운 사고 아래서 그 문제를 해결할 때 더 쉽게 해결되기 때문이다. '이혼을 할지 안 할지를 고민하지 말아라'라는 말도 덧붙이고 싶다. 우리가 그 순간 힘겨운 것은 이혼을 할지 안 할지를 고민하기 때문에 더욱 힘겹기에 그러한 결정은 나를 충분히 돌본 후에 해도 결코 늦은 결정이 아니기에 우선은 자신을 돌보고 빛을 낸 후에 결정하고 행동해도 늦은 때가 아닌 것을 나는 많은 사례에서 보았고 경험했다.

그러니 남편과 일하는 여자로 또는 남자로 힘겨운 분들에게 이 사례를 소개하며 내가 말하고자 하는 이야기는 딱 한 가지, 스스로가 얼마나 소중한 사람인지를 다시 돌아보라는 것이다.

[F의 첫 번째 소식]

안녕하세요. 오늘 우연히 유튜브에서 좋은 방송 보고 이렇게 용기내서 연락드립니다. 제 이름은 F이고요. 현재 해외에서 10년째 거주 중입니다. 저는 신랑과 두 자녀가 있고요. 현재 남편의 외도가 의심스러운데 저도 정확하게 몰라서 여쭤봅니다.

그 여자는 현재 이 나라에 있으며, 이 나라에 도착할 때 신랑이 픽업과 집을 알아봐 주고 거기서 며칠을 있더군요. 저에겐 업체 미팅과 함께 그 여자가 오는데 도와줘야 한다면서요. 제가 그런 일에 그렇게 민감하지 않아서 그렇게 하라고 했고 다음 달부터 일주일씩 계속 미팅이 있다며 가더군요. 며칠 전에는 이 나라 시골 어딘가를 하루 갔다가 다른 지역으로 간다고 했는데 카드 문자가 날아와서 문자 영수증을 보니 저희 동네에 있는 거예요. 통화를 해 보니 그날 하루 종일 간다고 했던 지역이라고 하더군요. 뭔가 찜찜해서 위치 추적을 해 봤는데 그 여자 집에서 하루를 보냈더군요. 빈방이 있어서 경비도 아낄 겸 잤다며 도리어 저한테 위치 추적하는 거냐면서, 질린다고 서로에게 시간을 갖자고 하더군요.
동남아로 출장 갈 땐 시차도 있고 바빠서 연락 못한다고 하더니, 그 여자에겐 하루에 수 십 통씩 연락을 취하고 그 여자가 한국에 있을 땐 한국에 수시로 전화를 했더군요. 지금 통화내역을 가지고서 고민 중인데 어떻게 할까요. 이렇게 힘들게 고통 받느니 그냥 놔주고 싶은 생각도 듭니다.
제 친구는 남편이 잠시 딴 생각이 든 것일 뿐이라며 위로합니다. 바람을 피우는 것은 그냥 사귀기 전에 그 설렘이 좋아서 그런 것일 뿐, 바람에는 사랑은 없다고 말합니다. 정말 그런 걸까요? 짧은 조언이라도 좋으니 부탁드립니다.

위 사연을 보자면 지금 사연자 F는 전혀 이혼할 준비가 되어 있지 않다. 분노와 절망에 휘둘리고 있고 너무나 힘들어 하고 있으니 이혼할 수 없다. 이혼은 아무 감정이 없이 고요할 때 할 수 있고, 해야 한다. 이런 바람의 종류는 하루나 이틀 안에 또는 한 달이나 두 달 안에 끝이 나는 인생의 시련이 아니다. 그렇다고 해서 남편을 이렇게 놔주는 것이 답은 아닐 거라는 생각이 든다. F의 남편 분은 지금 눈, 귀 다 닫은 채로 본인만을 생각하고 있는 상태이며, 지금 다그쳐 봐야 더 F를 탓을 할 뿐이며 적반하장은 더해 가고 F만이 폐인이 되어 갈 것이다.

그럼 가장 피해를 보는 것은 누구일까. 바로 F의 아이들일 것이다. 지금 당장 F의 남편이 생활비 주는 것을 멈춘 게 아니라면 우선 지켜보면서, 어떻게 행동하는지 하루하루 일기를 써 가면 좋겠다. 이왕이면 손으로 쓰고 순간순간의 모든 것을 기록해야 하기 때문이다. 만약에 법정에 증거로라도 제출을 해야 하는 순간에 좋은 증거가 된다. 세세하게 쓸수록 증거로서 역할을 잘할 수 있기 때문이다. 되도록 잘 보이지 않는 곳에 두고 증거는 부지런히 모아야 한다.

물론 F의 남편은 그 여자를 사랑하지 않는다. 사랑한다면 그런 식으로 일주일에 한 번씩 만나는 것으로 그 여자에게 책임을 다하지 않을 것이기에 말이다.

그리고 만약 지금 당장 그 여자가 너무 좋아서 그렇게 행동하고 다닌다고 해도 결국 둘은 헤어질 것이다. 계속해서 의심스러운 행동을 변명하는 남자들은 이혼을 하고 싶어 하지 않는 기본적인 마음이 있는 것이다. 본인 것이라고 여기는 가정의 편안함을 깨고 싶어 하지 않는다. 그러니 F가 질투에 힘들어 하지 않으면 좋겠다. 질투할 가치가 없는 여자다.

F는 아이들을 위해 웃으며 생활해야 한다. 불행한 엄마의 얼굴은 아이들 인생의 창에 커튼을 드리울 테니까. 증거를 모으라는 이유는 이혼소송이 들어올지도 모르니 대응하기 위한 준비를 위한 것일 뿐 이혼을 위한 것은 아니다. 여자에게 빠져 있는 순간의 남자들은 제정신이 아니다. 자신의 남성성을 다시 살아나는 느낌이 들기 때문에 길들여지지 않은 맹수와 비슷하다는 표현이 맞을 것이다.

그러니 우선 가만히 지켜보라. 질투심을 자제하라. 질투라는 감정은 F만 괴롭힐 뿐 어느 누구에게도 도움이 되지 않는다. 그리고 지금 이순간도 시간은 흘러가고 그 시간은 F의 인생에서 낭비되고 있는 것이다. 그러니 괴로운 마음에서 벗어나는 것이 초점을 맞추고 F을 위해 아이들을 위해 무엇을 먼저 해야 행복할지 그것에 중점을 두라. 남편은 F의 인생에 한 부분일 뿐 절대 전부가 아님을 잊지 말기를 바란다.

[F의 두 번째 소식]

글엔 힘이 있다고 하는데 대표님에 글에서 위로와 위안을 받습니다. 오늘부터 새로운 직장을 가요. 신랑도 저보고 집에만 있지 말고 새로운 사람도 만나고 새로운 환경에 도전하라며 자기만 쳐다보고 있는 게 부담스럽고 싫대요. 저에게서 권태기를 느꼈다며 하더라고요. 전 그냥 살림하며 우리 아이들 건강하게 키우려고 15년을 하루하루 열심히 산 것밖에 없는데, 슬픔과 서운함이 몰려오더군요.

남편에게 예전과 다른 모습을 보여 주기 위해서 직장도 구하고 싱글이었을 때처럼 살도 뺐답니다. 저번에 몰래 남편 핸드폰의 톡을 보는데, 남편이 자기 휴대폰 훔쳐보지 말라며, 프라이버시를 운운하더군요. 그리곤 그 여자와 대화한 창을 대화가 끝나면 바로바로 없애더군요. 매일매일 집에 오기 전에 그러고는 저한테는 그 여자와 연락 잘 안 하고 그 여자도 남자친구가 생겼으니 저보고 너무 신경 쓰지 말라고 하더군요.

그리고 그 여자 얘기를 하면 네가 그 여자를 싫어하니, 채팅방을 나가는 거고 아무것도 너에게 얘길 못 할 수밖에 없답니다. 그 여자 얘기만 나오면 제가 너무 민감하기 때문이라면서요. 다음 주에 신랑은 그 여자와 함께 십여 일을 대도시와 동남아로 출장을 갑니다. 처음엔 다른 파트너와 간다고 했는데, 나중에 제가 이 사실을 알게 되자, 파트너 한 명과 같이 더불어 여자도 함께 가는 거라고 말을 합니다. 그리곤 저에게 그냥 아무것도 묻지 말라며 단호히 선을 그었습니다.

참 기분이 좋지 않았습니다. 전 사는 데 순위가 있다면 가족이 가장 먼저인데, 내가 그냥 이렇게 모른 척하는 게, 날 위해 그러니까 내 정신 건강을 위해 좋은 것인지 생각해 보고 있습니다. 이러다가는 시간이 지나 신랑이 그냥 뒤도 안 돌아보고 떠

날 것 같은 불안감에 밥도 먹지 못하고 잠도 잘 수 없는 이 상황 속에서 내 몸과 마음이 병들어 가는 걸 느낍니다. 언제쯤 이 시간이 끝날까요?

F는 이제 감정적 독립을 연습할 때가 된 것 같아 보인다. F의 글을 읽으면서 F의 남편의 말과 행동에 나 또한 화가 났다. 하지만 화를 내고 있을 시간도 없고 우선 F가 잘 일어서도록 나는 도와야 했다. 그럼에도 불구하고 F는 지금 이혼할 준비가 되어 있지도 그리고 이혼을 아직은 해 주어도 안 되는 시간이다. 그 여자는 미혼이며 학생 비자로 와서 외국에 머물고 싶어 하니 지금 이혼을 해 주면, 아직도 남편을 사랑하는 F만 아이들과 남겨진 채 그 여자가 원하는 시나리오대로 이루어질 뿐이라는 판단이 섰다. 나는 우선 알고 싶은 점은, 그 여자가 몇 살인지 그리고 하고 있는 일이 무엇인지, 왜 남편과 함께 다니는지를 알고 싶었다. 왜 그들이 꼭 붙어서 일을 해야 하는지에 대한 의구심이 들었다. 많은 남자들이 바람이 나면 꼭 돈 버는 것 때문에 만나는 거란 식의 핑계를 댄다. 그렇게 말할 때 아내들은 살아가야 하는 생계가 달려 있다는 말에 아내들은 옴짝달싹 못하게 되기 때문이다.

F의 남편은 지금 제정신이 아니다. 괜히 아내에게 권태기를 느꼈다며 한없이 약자로 서 있는 아내에게 상처를 주는 그가 제정신이라면 그 자리에서 벼락을 맞아도 마땅하다. 나는 F가 남편에게 잘 보이기 위해 노력하지도 않았으면 했다. 그저 스스로를 위해 가꾸기를 그리고 더 예뻐져 가는 본인에게 만족하기를 바랐다. 단지 더 자신감을 갖기 위해서 말이다. F의 남편은 지금 F가 어떤 모습을 보여 줘도 어떤 감사한 말과 행동을 해도 눈에 들어오지 않는다. 그냥 자기를 내버려 두기만을 바랄 뿐일 것

이다.

그러니 남편을 위해 마음으로 노력하지 말며, 오로지 F 자신을 더 사랑하기 위해 예뻐지고, 노력하고 새롭게 살아가는 하루하루여야 한다.

우선 나는 더 좋은 해결책을 위해 F에게 그 여자 상황을 물었다. 그래야 그들의 앞으로의 행동도 조금 예측이 가능할 듯싶었다.

언제 끝이 날지 남편이 떠날지 안 떠날지는 그 여자 상황과도 맞물려 있을 수 있다. 둘이 계속 그렇게 무한정 붙여 놓는 것이 상황에 따라서 좋을 수도, 나쁠 수도 있기에 말이다. 중요한 점은 이 세상에 영원한 것은 없다는 사실이다. 그 둘도 마찬가지일 것이며, 결국은 서로 싫어져서 끝이 날 것이 분명했다. 둘 중 하나가 먼저 배신을 하게 되거나 돈 문제로 끝이 나거나, 그런 정도의 수순일 것이다. 왜냐면 그게 불륜 남녀의 평범한 이별이며 가장 많은 사례이기도 하다.

불륜을 하다 가정을 깨고 둘이 같이 사는 경우는 10프로 미만이다. 혹여 헤어지고 둘이 재혼을 해도 90프로 이상이 다시 이혼을 한다고 하니 그들이 영원토록 행복하게 살았다는 동화 같은 이야기는 일어나지 않는다. 불신 속에 만난 사람들이 믿음이 가장 중요한 결혼생활을 이어간다는 것 자체가 말이 안 된다.

F는 밥이 안 넘어간다는 말도 해 왔지만, 이럴 때일수록 잘 먹고 잘 잘 수 있어야 한다. 잠을 잘못자면 건강은 급속도록 악화될 테고, 건강이 나빠지고 아픈 사람은 정신도 더 깊게 병이 든다는 점을 고려하자. 지금 이 정신적으로 힘든 시간에 신체적 건강까지 악화된다면 더 나쁜 상황을 만들 뿐이다. 많이 고민하고 생각이 많을수록 상황은 악화될 뿐이다.

그러니 우선 이루고 싶은 것을 위해 기도하면 좋겠다. 그리고 더 상황이 나쁘지 않음을 감사하는 기도를 이어서 하면 좋다. 좋은 것을 꿈꾸고 바랄 때 좋은 것이 어느새 옆에 와 있는 기적들을 겪으며 살아왔지 않은가 말이다. '어쩌면 오늘도 무사하다는 것은 기적과도 같은 일'이 아닐까라는 작은 감사를 해 보아도 좋을 것이다. 그리고 남편이 죽은 상황보다는 나은 상황이다. 어쩌면 그 젊은 여자가 F의 남편을 이용한 것일지도 모른다. 그러니 그렇게 생각하고 좀 더 마음이 편해질 수 있다면 그리 여기면 된다. 이러한 상황에서는 조급해서는 안 된다. 조급할수록 일은 틀어지고 남편을 몰아세우게 된다. 부부 사이를 회복하고자 하는 F의 입장에서는 좋지 않은 행동이다. 우선 조금 더 지켜보면서 상황을 헤아려 가도록 노력할 시간이라고 말하고 싶다.

F가 아이들에게서 웃고 있는, 행복해 하는 엄마를 빼앗지 않기를 바란다. 가족을 먼저 생각하던 아빠를 뺏겼는데, 웃는 엄마마저 빼앗긴다는 사실은 아이들에게 생겨서는 안 되는 일이다. 힘을 내고 거울을 보며 예쁜 미소를 연습해서 아이들 바라보며 웃어 주어야 한다. 그래야 아이들도 시련 앞에서 웃을 수 있다는 걸 배우게 될 테니 말이다.

인간이 얼마나 강한지 우리는 수많은 역사 속에서도 배워 왔다. 모든 시련을 이겨 내고 아직도 인류는 건재하고 앞으로도 건재할 것이다. 역사에도 남지 않을 가정의 힘든 상황만으로 무너지기엔 우린 너무 강하다는 것을 잊지 말자. 너무 걱정하고 염려하지 말아야 한다. 오히려 해가 될 뿐이니, 좋은 것을 생각할 때이다. 이런 때일수록 우린 좋은 것을 끌어 당겨야 한다.

[F의 세 번째 소식]

저희 신랑은 ○○년생이고 그 여자는 ○△년생입니다. 제 신랑이 이번에 새로운 일을 하면서 ●●쪽 물건을 파는데, 그 여자 분이 그쪽 물건을 세일한다고 해서 이 나라로 오라고 한 거고요. 그 여자는 현재 관광비자로 있는데 학생비자로 전환해서 있을 예정이랍니다.
신랑이 그 사업을 시작하면서 돈을 융통해 달라고 해서, 친언니에게 9천만 원을 빌렸는데, 그 돈에서 그 여자 월급과 저희 생활비와 신랑 사업 경비가 함께 나가죠. 지금 신랑은 아무런 수입이 없어요. 한 달, 한 달 그냥 그 빌린 돈으로 버티는 중이고요. 그래서 제가 이렇게 일을 하는 것도 이유 중에 하나랍니다. 이렇게 글을 쓸수록 왜 제 상황이 참담할까요?

F의 세 번째 소식은 그다지 좋지 않았다. 상간녀의 상황이나 조건이 F에게 좋지 않아 보였다. 해외에서 생활하고 싶어 하고, 미혼인 여자이다. 둘이 사업을 같이한다고 당당히 이야기하고 있다. 만약 사업이 잘된다면, 그 여자는 F의 남편을 잡고 놓지 않으려고 할 것이다. 나는 해외에서 몇 년을 살아 봤다. 그래서 이민 사회의 모습을 잘 안다. 가정 속속들이 다 보이는 한국이민 사회에서 비밀이란 없다고 해도 과언이 아니다. 옆집 숟가락 수도 세고 있다는 말들도 하고, 유리성에 산다는 말을 한다. 그러다 보니 많은 이야기를 전해 듣게 되고 그 이야기들 중에는 정말 어이없는 선택들을 하는 경우가 많았었다. 예를 들어 미용실을 운영하는 남편의 보조로 들어온 여자와 남편이 바람이 나서 조강지처를 영주권을 주지 않고 내

으려고 노력하는 경우도 봤으며, 카센터에서 일을 하다 카센터 대표와 바람이 난 여자는 그 내연남과 헤어진 후 트라우마로 자신의 딸을 칼로 찌르기도 했다. 내 나라가 아닌 곳에서 얼마나 외로움에 시달리는지를 보여 주는 극단적인 예라 할 수 있다.

그러니 돈 한 푼 없이 해외에 와서 다른 가정의 시민권이 있는 남자를 잡은 학생 비자의 미혼 여성이 둘이 같이하는 사업까지 잘된다면 그 남자를 놓지 않을 가능성이 너무 높았다. 그러니 친언니로부터 그 큰돈을 빌려서 남편 사업자금을 댔다는 F가 답답했다. 나는 그녀에게 앞으로 절대 돈을 융통해 주지 말라고 했다. 되도록 빌려서 준 사업자금은 가능한 한 빨리 언니에게 주어야 한다고 이야기하는 게 좋을 것 같았다. 본인이 힘들다면 친언니가 나서서라도 그 돈을 빠르게 받아야 한다. 그 사업을 그만두게 하는 편이 가정을 지키기엔 훨씬 나은 선택이라고 보인다.

언니가 직접 이야기하면 좋을 것 같다. 갑자기 급한 일이 생겨서 돈이 필요하게 됐다고 하면 그래도 어려운 처형의 요구이니 남편이 어떻게든 돈을 마련해 보려 할 것이라고 생각됐다.(물론 그 정도 양심도 없을지도 모르지만 말이다.) 지금 F의 남편은 사업이라고 벌여 놓았을 뿐 돈을 못 벌고 있다. 사업이 아니라 연애를 하고 있으니 사업이 잘될 리가 없는 것은 너무 당연한 일이다. 사업을 시작하고 몇 개월이 흘러도 F의 남편이 돈을 못 벌고 있다면, 앞으로도 돈을 못 벌 확률이 굉장히 높다. 생계가 답답한 상황에서도 다른 여자부터 챙기고 일에 집중하지 않는 남자가 사업에 성공을 하는 경우는 보지 못했으니 말이다.

그러니 그 여자는 남편이 돈이 없이 빚뿐인 걸 알면 떠날 것이고 그 점을 빨리 알려 줄수록 관계는 빠르게 정리될 것이다. F는 다시는 남편 사업자금을 다시는 융통해 주면 안 된다. 그대로 사업을 유지하기 어렵다 해도 차라리 그 편이 가정을 위해서는 좋은 선택이다. F는 그 점을 잊지 말고 돈을 요구하는 남편을 이겨 내야 했다. 우선은 그 점을 잊지 말고 버텨야 한다. 직장 다니며 벌어오는 돈도 실제 받는 돈보다 적게 남편에게 이야기하고 남편에게 늘 생활비가 부족하다고 이야기하며 생활해야 한다. 버는 돈이 가정을 유지하기에 충분하더라도 절대 지금은 이야기하면 안 된다. 지금 현재로서는 이 점을 중요하게 지켜야 한다.

F의 남편이 만약 가정을 떠나게 된다면 먼 훗날 시간이 흘러 늙어서 혼자 살아갈 한심한 미래가 보였다. 헤어지더라도 F는 손해가 아니지만, 그래도 지금은 감정적으로 조금도 정리가 안 되어 있는 F의 상태에서 이혼은 해서는 안 되는 선택이었다.

그러니 서두르지 말고 가정을 추스르며, 조금씩 천천히 방법을 찾아보아야 했다. 그러기 위해서는 F는 신체적 기운도 정신적 건강도 흐트러지면 안 된다. 남편과 함께 부부 상담을 받으며 서로를 제대로 바라볼 수 있는 시간을 가지며 회복해 가야 할 뿐 지금은 무엇이든 급히 결정할 수 없는 시간이며 상황이다.

[F의 네 번째 소식]

저도 하루하루 바쁜 생활을 하려 노력 중입니다. 이번에 신랑이 내연녀랑 ○○와 ●●에 같이 갔다고 말씀드렸죠?
저는 마음에 결정을 하고 이 사람이 △△에 도착하는 그 순간부터 전화와 톡을 차단하고 감정을 정리하고 생각을 정리하기로 결정했어요. 이건 내가 어떻게 할 수가 없겠구나 싶더군요. 남편은 전화통화가 되지 않는 나에게 뭐가 이상함을 느꼈는지, 시어머님께 전화를 해 내 동태를 살폈고 저는 앞으로 우리 아이들과 어떻게 살아야 할지 현실적으로 생각하고 구체적으로 계획을 세웠어요. 더 이상 남편과 그 일로 어떤 말로도 왈가왈부하기도 싫었고 그냥 아무 말도 듣고 싶지 않았습니다. 나에겐 현실이 더 중요하고 내가 더 중요하다고 생각했거든요.

어제 이른 아침부터 신랑이 그 지인에게 전화해 저에 대한 상황을 물어봤고, 그 지인 이 사실대로 말을 전했더군요. 가정이 중요하다고 생각한다면, 그 여자와 정리하라고 했다고 합니다. 그 순간 남편은 아무 말도 하지 않더래요. 그리고 이어서 남편은 사실 정리했다고 이야기하더랍니다.
그리고 그 지인의 아내가 제게 심리치료를 받아야 한다고 제안하더군요. 자기도 신랑과 어려울 때 함께 심리치료를 받고 서로 많이 회복될 수 있었다고 합니다. 저도 중요하지만 남편도 꼭 받게 하라고, 그래야 두 번 실수하지 않고 너에게 진심으로 미안해하며 살아갈 거라고 말씀해 주셨어요.

저는 아직까지는 다시 남편을 믿기 힘이 듭니다. 이런 상황에서도 저는 제가 앞으로 어떻게 살아야하나 생각하고, 아이들을 생각하는 나를 발견했고 더 열심히 일을 해야겠다고 다짐했어요. 작가님께 무엇보다 감사드려요. 남편을 통해 저를 성숙되게 만들 수 있는 조금은 힘든 과정이었지만, 연락드릴 때마다 진실한 조언과 격려로 제가 이렇게 성장한 것 같아요. 다시 한번 진심으로 감사드립니다.

어느 정도 시간이 흘러 F가 궁금해지던 차에 위와 같은 소식을 전해 왔다. F는 시련 속에 성장해 있었고, 본인의 갈 자리를 바로 찾은 채 생활해가고 있다는 생각이 들었다. F는 용기 있게 결단을 내리고, 남편의 계속되는 방황과 상간녀 때문에 아파하는 대신 F가 가야 할 바를 올곧이 정한 모습이었다.

바람난 배우자 앞에서 아무리 혼자 힘들다고 이야기하고, 계속해서 남편과 싸우다 보면 결국은 배우자들은 의처증 또는 의부증 환자 취급을 한다. 그러니 F처럼 싸우기보다는 나를 다스려서 지금을 잘 살아가는 것에 집중하는 선택을 하는 것이 좋다. 지금 F의 입장에서 바라볼 때, 우선 남편이 그 여자와 끝을 내려는 건지, 잠시 속이는 차원에서 헤어지자는 건지를 알 수 있는 길은 하나이다. 둘이 일 관계까지 끝을 내는지 안 내는지 보면 된다. 따라다니고 감시하며 살아갈 수는 없는 일이니 우선 일을 함께하는 것을 멈추는 지를 기다려 보면 된다. 더 명확히 하자면, 그 지역에서 그 여자가 떠나는 것이 좋겠지만 그것까지는 할 수 없는 일일 수 있다. 살아가는 생계에 관련된 것을 지역까지 벗어나라고 하기는 어려우니 말이다. 하지만 그 불륜녀와 남편이 함께 일을 하는 것은 그만 둬야 한다. 만약 남편이 함께 일하는 걸 멈춘다면, 남편은 가정을 지킬 의지가 있는 것으로 믿어 주어야 한다. 그 정도로 남편이 의지를 보인다면, F도 가정을 지킬 의지를 보여 주면 되는 것이다. 그리고 그 편이 조금 더 지금은 F에게 도움이 되는 상황이다. 21세기인 지금 이혼이 쉽다고들 말하지만, 진짜 이혼을 해 본 이들의 이야기를 들어 보면 그 누구도 쉽지 않았음을 알기에 말이다.

F는 내게 남편이 돌아왔을 때 어떻게 하면 좋을지를 물었다. 나는 답을 말한다면, 우선 남편이 불륜상대와 끝났다는 그 말을 믿고 싸우지 말라고 했다. 우선 "알겠다" 그리고 "믿어 보겠다"라는 말로 짧게 끝을 내고 그 다음 단계로는 서로 앞으로 어떻게 할지 생각할 시간을 갖자. 남편에게 당신의 말보다는 행동을 보고 판단하겠다고 선언을 해 두어도 좋다. 지금 당장은 그 말을 믿고 살아가면 된다. 이 말 그대로 '믿고' F의 삶을 열심히 살면 된다. 지금 결심한 그대로 말이다.

F는 잘하려고 하지만 그래도 감정이 격하게 올라올 때도 있다고 말했다. 하지만 그 감정의 소용돌이가 가끔 끓어오르는 것은 지금의 시간에 너무나 당연한 것이니 그 감정 그대로 내버려 두어도 괜찮다. 그것 또한 인간이라면 너무나 당연한 것이고 시간이 필요한 것뿐 아니라 남편에게 제대로 된 사과를 받아야 되는 일이 아닌가. 지금 당장은 아니어도 둘의 사이는 회복되어 갈 것이다. 그렇게 다시 따뜻한 가정으로 돌아와 있을 거라고 생각한다. 그렇게 그 시간 또한 두 사람에게 어느덧 다가와 있을 거란 사실을 잊지 않고 아픈 감정을 잘 추스르길 바란다.

F가 남편이 하는 그 말에 깊게 흔들리지도 말고, 흥분하지도 말고 조금 떨어져서 숲을 바라보는 마음으로 남편의 말과 행동을 바라보는 시간을 가지기를 바랐다. 나는 이런 사연들을 접할 때마다 사연자의 속이 뒤집어지는 그 끔찍한 감정이 이해돼서 가슴이 쓰리곤 한다. 그 고통은 그 사건의 중심에 있지 않은 사람은 이해하지 못한다. 바람이 난 남편이 "그 여자는 잘못이 없다. 내가 좋아했던 거다"라며 그 여자를 감쌀 때, 그 비참함,

그 자존심이 무너지는 아픔은 뭐라 표현할 수 없을 것이기에 말이다. 하지만 그래도 자존심보다는 가정이 더 중요하다.

어쩌면 순간의 자존심을 지키는 것보다 가정을 굳건히 지키고 잘 살아가면서 자식들 훌륭히 키우면 진짜 이기는 것이기에. 하지만 그럼에도 불구하고 이 사건으로 인해 내 삶이 희생되는 기분이 들 정도로 불행해서는 안 된다. 다시 회복되어 가는 가정에 그리고 날 향해 웃는 내 아이들을 향해 같이 웃으며 그 기쁨에 빠져들도록 노력해야 한다. 아무리 어려워도 진정한 승리는 그곳에 있으니 말이다

남편들 그러니까 남자들은 자신의 잘못에 대해 이야기하고 짚고 넘어가야 하는 순간을 못 버틴다. 좀 나쁘게 이야기 하자면 비겁하다. 하지만 그걸 그냥 넘어가면 우리, 그러니까 아내들의 마음은 상처투성이로 살아가게 된다. 그러니 이걸 어찌해야 할지 갈팡질팡 또 다른 방황이 시작되고 마는 시간이 다가온다. 어쩌면 사건의 휘몰아칠 때보다 이 시간이 더 힘들다고 말해야 할지도 모른다. 그러니 하나만 기억하자. 지금 당장이 사과하기 가장 좋은 때라는 것을. 그 잘못을 깨우치는 순간이 오는데. 그 순간 본인이 사과를 해야 한다는 것을 느낄 때 그들은 행동하게 된다. 때로는 뒤늦은 시간에나 사과를 하는 경우가 많다. 그러니 그에게도 조금 시간을 주어야 한다.

바람을 피운 배우자들을 둔 아내들은 늘 내게 말한다. "잘못한 거잖아요, 그러니 끝을 내야죠? 안 그래요 선생님?", "평생 죄인으로 살아야죠. 나한테 평생 기죽은 채 살아야 해요"라며 눈물 흘린다. 나도 안다 그 심정을, 하지만 그 누가 배우자 옆에서 평생을 죄인처럼 살고 싶겠는가. 그 누구도 교도소 같은 분위기에서 살고 싶은 이는 없다, 정말 죄를 지은 살인

자들도 감옥에 잡혀 가기 싫어서 도망 다니거나 또 다른 죄를 다시 지어 가면서라도 숨어 살곤 하지 않는가 말이다.

그러니 평생 죄인으로 살게 할 거면 헤어지는 편이 나은 거란 걸 상처 입은 우리도 알아야 하며, 잘못된 관계이니 끝이 나야 한다는 말이 백 번 옳지만 사람의 관계는 그렇게 무 자르듯이 싹둑 하고 잘라지는 것이 아니라는 점을 잊지 말자.

그 둘이 무 자르듯이 갈라서길 바라고, 어쩜 무처럼 두 동강이 나서 버려지길 바라는 마음이 들기도 하지만, 우리가 할 일은 그 둘이 언제 끝나는 가를 지켜보기보다는 내가 괴로운 것을 다스리는 것에 집중해야 한다. 우선 괴로운 마음을 조금이라도 삭힐 수 있도록, 더 집중해야 하고 중요한 것이 무엇인지 생각해 내야 한다. 남편? 그까짓 남편? 이렇게 말하기보다는 소중할지도 모를 내 인생의 동반자이지만, 나만큼, 내 아이들만큼 소중하진 않다고 우리 말해 오지 않았는가.

잘 생각해 보라. 이 순간 정말 중요하고 소중한 게 무엇인지. 내 인생은 날 위해 살아가는 거지 남편에게 사랑받으려고 사는 것이 아니라는 중요한 목적을 말이다.

물론 슬프다. 이런 일이 벌어지면 하늘이 무너진 것처럼 슬프다. 하지만 이 사건이 내가 원한 것도 아니고 내가 저지른 죄도 아니며, 그냥 나도 모르는 사이 벌어진 사고 같은 것이 아닌가. 아니 그렇게 나는 전혀 의도치 않은 사건이다. 아내들에 의한 것이 아니다. 이 사건 안에서 진정으로 이겨야 한다. 진짜 이겨야지. 절반만 이겨서는 안 된다. 그래 너무 참기 힘들 테니 잠깐은 화를 내자. 속이 시원할 만큼 소리는 한번 질러 주어라. 그리고는 계속 그 화를 가져가지는 말자. 우리 삶 속에 더 소중한 건 본인인 걸 알아야 하고, 스스로 괴로운 마음을 어떻게 없애야 할지 고민도 잠시하고, 내 자신에게 더 행복한 걸 찾도록 해 보자. 그 누구보다 무엇보다 내가 더 소중한 점을 인지한 채 살아가자. F의 남편은 그래도 그 여자와 일도 같이 안 한다고 했다고 한다. 내 생각에는 '끝을 내려고 하는 것이 맞다'라고 전했다. 왜냐면 우선 F가 편안해지기 위해서 그 순간은 그 말을 믿어야 하니까 말이다. 내 남편이나, 아내가 다른 이성을 좋아했다는 것? 그까짓 것 아무것도 아니다. 우리가 예전에 정말 좋아했던 남자들 지금도 생각나고 그리운지 스스로에게 물어보면 답을 알지 않는가 말이다. 때론 그런 사람이 있었다는 사실도 기억이 나지 않거나, 어느 순간, 순간 그럴 수도 있지만 십 분 이상 지속되던가를 스스로에게 물어보자.

사람이 백 년을 살면서 어떻게 한 사람만 사랑한다고 장담할 수 있을까. 인간답게 의리를 지키기 위한 노력일 뿐이기도 하다. 어쩌면 사랑보다 의리가 앞서기도 한다. 이처럼 생각하기에 따라 이러한 사건은 아무것도 아니다. 그까짓 거라고 비웃어 주어라. 그리고 질투라는 어리석은 그 마음을 조금만 비워내 보자.

어렵겠지만 조금만 더 잊자. 신이 준 가장 큰 선물 망각이라는 것을 맘껏 활용하자. 물론 그 아픔의 시간이 금세 끝나지 않는다는 건 미리 알려주고 싶다. 초반에 지치지 말자. 그렇게 시간이 조금씩 흐르다 보면, 어느새 충분히 시간이 지나면 웃으며 그 일을 하나의 에피소드처럼, 시련을 당당히 이겨 낸 영웅담처럼 이야기 나눌 수 있을 것이다. 지난 힘겨웠던 사건들을 생각해 보자. 이제 그 현장에 있지 않는 본인들을 볼 수 있지 않은가. 걱정하지 마시길 바란다. 인생은 우울한 만큼 웃게 되어 있으니 말이다.

[F의 다섯 번째 소식]

어제 신랑이 베트남에서 왔어요. 집에 들어오면서 얼마나 반갑게 웃던지 어이없었죠. 그것도 새벽 3시에 안 자고 기다렸냐면서요. 웃을 기분 아니니 그동안에 상황을 설명하라고 했어요. 신랑이 먼저 우리도 부부 상담을 받고 서로 관계를 개선해 보자고 먼저 말하더군요. 너무 화가 나서 옆에 있던 가방으로 때리고 소리 지르고, 혼자 생 쇼를 했어요. 지친 마음에 자려고 침대 누웠는데 자기가 진짜 미안하다고, 미안하다고 계속 얘기하네요. 이제 한고비 지난 거겠죠?

F의 마지막 밝은 편지는 그 먼 바닷가에서 전해 오는 따스한 바람처럼 내게 왔다. 시원하지만 차갑지 않고, 바람이 불어서 머릿결이 부드럽게 일렁이는 것처럼 멋진 해변가에 서 있는 기분이 들게 하는 좋은 글이었다. 그녀가 잘 살아간다는 글, 그 고비를 넘겨서 기쁘다는 글이 날 또 새로운 공기로 채워 준 기분이다

그녀는 아직도 문득문득 힘들다는 말도 전해 왔지만 그런 일을 겪은 후 힘들어하는 것도 너무나 당연한 것이기에 그저 스스로 힘든 마음에도 자책하지 않기를 바랐다. 가끔씩은 문득 너무나 힘들다는 그녀의 마음은 당연한 시간이니 말이다. 나는 F의 마음속에 자신에 대한 사랑을 가득 채울 시간을 가질 수 있도록 돕고 싶다

"잘 생각해 보세요. 이 순간 정말 중요하고 소중한 게 무엇인지.

내 인생은 날 위해 살아가는 거지 남편에게 사랑받으려고 사는 게 아니에요."

- F에게 보낸 글 중에서

case 3) 16년 전 남편의 불륜녀, 유부녀가 되어 돌아왔다

배우자의 불륜을 용서하고 잊고 다시 일어서는 것은 매우 힘든 일이다. 영혼에 실린 힘까지 쥐어짜야 가능할지도 모른다. 그런 가운데 남편의 불륜이 다시 시작된다면 상대가 10여 년 전 그 불륜상대라면 여러분은 어떤 마음이 들까 묻고 싶다.

젊은 시절 "너만을 사랑하겠다"라던 남편이 미혼인 여성과 바람을 폈고, 한참이나 어렸던 그녀가 이제는 유부녀가 되어 다시 유혹을 시작한다면, 그 모습을 다시 바라보는 아내는 어떤 모습일지 상상조차 힘든 일이다.

왜 유부녀가 되어 아이가 둘이 된 지금 20대 젊은 시절 철없던 불꽃놀이를 다시 찾아 헤매는 걸까. 그녀는 분명 현재의 결혼생활이 불행하다는 뜻을 전하고자 하는 것은 아닐까 싶다. 그녀가 불행한 것이 그 예전 그 유부남이 나를 버려서 아직도 아프기 때문에 네가 책임져야 한다는 표현을 다르게 하고 있는 것 같다. 그때 남은 배신의 상처가 "불륜 상대였던 본인만 피해를 봤다"라고 이야기하는 지금의 유부녀가 된 불륜상대는 본인 외에는 아무도 안중에도 없다. 그 이유는 단순하다. 그녀는 누구도 사랑할 수 없는 사람이기 때문이다. 그녀의 불행은 그녀의 탓이다. 지금 또 다시 바람을 피우기 시작한 남편을 바라보는 아내의 불행도, 그 불륜녀의 다시 시작된 연락 때문이며, 그 유부녀가 되어 돌아온 그 상간녀의 불행도 오직 본인으로 인해 비롯됐다.

그 돌아온 상간녀는 아무도 사랑하지 못한다. 만약 누군가를 사랑할 줄 아는 사람이라면, 다시 그 남자에게 연락하는 일도 또 다시 너와 살고 싶다는 고백도 없었을 것이다. 본인 외에는 아무도 사랑하지 못하는 것뿐만 아니라, 본인도 사랑할 줄 모르는 정말 하류 인생을 살고 있다. 정신적으로 그렇다는 뜻이다. 본인을 귀히 여길 줄 모르니 유부남과 거침없이 잠자리를 하고, 그것이 사랑이었고 자신의 희생으로 그 유부남이 가정으로 돌아간 거라는 착각으로 살았으리라. 타인의 삶은 하나도 존중할 줄 모르는 태도는 바로 자신을 대하는 태도로 이어진다. 그 걸 모르는 불륜상대를 이기적이라고 표현하지만, 적어도 이기적이라는 좋은 표현을 써서도 안 되는 부류이다. 그 돌아온 불륜상대는 이기적인 것이 아니라, 본인의 소중함을 전혀 모르는 자기 비하와 학대로 인생을 살아왔다고 하는 편이 맞다.

자신을 진정으로 사랑하는 사람은 타인의 삶에 끼어들어 자신의 삶을 그 안에서 헤매며 낭비하지 않는다. 차라리 이기적이기라도 한 사람이라면 저런 자기 비하와 스스로 마법에 걸린 공주라고 착각하며 삶을 비하하며 살아가지 않는다. 그러니 돌아온 상간녀는 동정을 받아야 하며 치료를 받아야하는 환자에 속한다.

진정 정상적인 사고로는 20대 철없던 16년 전의 유부남을 찾아 헤매고, 다시 시작해 보려고 애를 쓴다는 것이 가능하지 않다. 현재 자신의 아이들을 기만하고, 현재 본인의 배우자의 아이들을 존중하지 않는 것임과 동시에 자신의 남편과 그 유부남의 아내는 아무 권리가 없는 그저 상대방에게 들러붙어 안 떨어지는 껌처럼 여기고 있어서 가능한 행동이다. 그러니 그 누구도 존중하지 않는 그녀는 자신조차 절대로 존중하거나 사랑받을 사람으로 남을 수 없다는 사실을 우리는 알아야 한다. 그러니 스스로는 눈물겨운 사랑에 안타까움을 표현하며 사는 아름다운 삶이지만 그 외 사람들에게는 지옥을 안겨 주고 있다는 사실과 본인조차 지옥에 살고 있다는 사실을 알기를 바랄 뿐이다.

그녀는 치료 없이는 행복해질 수 없다. 충분히 가진 본인의 것에 만족하지 못하고 타인의 행복을 쫓아가 부수려는 행위는 본인의 가치를 스스로 인정하지 못할 때 하는 행동이다. 나도 어릴 적 내가 얼마나 가치 있는 사람이며 가정을 소중히 생각하는지 알지 못했던 시간이 있었다. 내가 가진 것을 보기보다는 타인이 가진 것을 보고 내 것이 보잘것없다고 여겨져서 늘 불행하고, 타인과의 비교 속에서 병들어 가던 나를 잘 기억하고 있다. 그래서인지 이번 사연을 접하고 상담하며 나는 이 사연 속에 깊이 빠져서 그들 모두를 구하려고 애썼었던 거 같다.

[G의 첫 번째 소식]

저는 외국에 사는 교포입니다. 결혼기간은 21년이 넘어서고 있습니다. 그런데 남편이 지금 바람이 났습니다. 그것도 16년 전 상간녀랑 또다시요. 이번에도 16년 전 때와 마찬가지로 별거 요구를 하고 있어요. 올 2월 초에 둘이 메신저를 주고받는 내용을 제가 보게 되었습니다. 제가 묻지도 따지지도 않았는데도, 바람과 별개라면서 집을 나가겠다고 통보를 하더군요.

16년 전 상간녀는 그 당시 미혼이었어요.
한국 지사에서 일하던 여직원이었고, 회식하고 술 먹고 관계를 가져 둘이 속궁합이 잘 맞았다고 합니다. 그렇게 그 생활을 6개월 유지하다 한국 지사에 소문이 났고, 그로 인해 그 여자는 권고사직을 당했지요. 그 뒤로는 남편은 한국으로 출장을 못 가게 되었고 그렇게 둘은 헤어졌죠. 그 후 그 여자는 급히 결혼을 해서, 아이 둘을 낳고 잘살고 있다는 소식을 들을 수 있었습니다. 그런데 지금으로부터 4년 전 남편이 톡으로 16년 전 불륜상대와 다시 톡이 시작된 모양이더군요. 얼마 전 저는 그 사실을 알게 되고, 저는 그때 처음으로 불륜 상대에게 톡으로 연락을 해서 남편과 연락을 하지 말아 달라고 부탁했어요. 그 불륜녀 말이 자기도 애 엄마라 '부끄럽게 안 살 것이다'라면서, 죄송하다며 다시 연락할 일이 없도록 하겠다고 약속을 하더군요. 그런데 약속과 다르게 또다시 연락을 하다 올 2월에 제게 걸렸어요.
알고 보니 그 상간녀는 해외로 아이들과 유학을 와 있었습니다. 그것도 저희 사는 곳에서 차로 10시간 거리에 있는 도시로 와 있던 거죠. 아마도 작년 5~6월쯤 들어온 것 같습니다. 그렇게 생각하는 이유는 제 남편이 작년 5월쯤부터 이상해지기 시작했고, 16년 전 바람피울 때와 비슷한 행동을 보였습니다. 일단 모든 스킨십을 거부하고, 연락이 잘 안 되고 집에 늦게 오며 짜증내는 순간이 많아졌어요. 전 남성 갱년기인가 생각하고 이해하려고 애쓰며 살았습니다. 순간 '바람일까?'라는 생각도 했지만, 설마 다시 연락이 시작된 거라고는 생각도 못했죠. '다큰 애들 아버지가 자식 보기 창피한데 아닐 거야' 하면서 갱년기로 치부했죠. 그 뒤 상간녀가 저희가 사는 나라 어딘가에 있는지는 짐작하게 되었지만, 심증만 있을 뿐 연락처도 몰라 숨죽이고 지냈습니다. 그러던 중 둘이 주고받는 메시지를 발견했어요. 그 뒤 연락처도 알아냈고, 상간녀에게 다음 날 새벽에 문자와 전화를 했어요. 상간녀는 처음에는 발뺌을 하더니, 증거를 들이밀자 인정하더군요. 그리고는 또다시는 연락 안 하겠다고 약속을 했죠. 그런데 10일 후 다른 앱으로 연락을 해왔다가 다시 제가 알게 되었습니다. 그렇게 알게 된 후에는 제가 상간녀에게 화를 내고 제 남편의 모든 연락처 지우고 끊어주길 요구했습니다. 그렇게 마무리 지어 보려 했지만 지속되는 그들의 관계를 보며, 저 역시 이혼에 대해 생각하게 되었습니다. 이곳 변호사를 찾아서 상담을 받았습니다. 변호사는 제게 저도 가난해지지만 남편은 완전 거지가 될 거라고 하더군요. 그 말이 조금 위로가 되긴 했지만, 지금 다시 받은 상처는 쉽게 나아지지 않아요.
이번에 다시 남편이 바람난 사건의 상처는 제게 16년 전보다 몇 백 배로 크답니다. 그 상처를 추스르기도 너무 힘든데, 남편까지 정신을 못 차리고 상황을 정리 못하고 있는 점이 너무나 괴롭습니다. 그 상간녀는 제 남편과 순수한 톡을 주고받은 것뿐이고, 죄가 없다고 말합니다. 죄송하다는 사과도 자연스럽게 잘하는 그 여자, 그렇게 사과를 한 후에 곧장 전화번호 바꾸어서 다시 대범하게 전화를 하는 걸 보면 피가 역류하는 듯 고통스럽습니다. 선생님 어떻게 하면 남편이 제정신으로 돌아올까요? 그 상간녀와 어떻게 관계를 끊게 만들 수 있을까요. 너무나 힘이 들어 죽고 싶습니다.

우선 이 글이 너무 길고 상황 자체가 아주 오랜 시간 지속된 사건이다 보니 나는 생각이 많아졌다. 일단 결론부터 말을 하자자면, 상간녀를 응징할 생각은 그만 하는 게 좋다는 것이 내 생각이었다. G는 이미 그 상간녀의 남편에게 모든 이야기를 했고 그걸로 응징이 끝났다고 생각해서이다. 그 상간녀는 남편에게 오랜 시간 후에 이혼을 당할 확률이 높다. 지금 당장 그 여자가 그 남편에게 어떤 대우를 받느냐는 중요한 것이 아니고, 이미 남편이 그 여자에게서 마음이 떠났을 거란 것이다. 그런데 지금에서 더 응징하고자 무언가를 한다는 것이 G를 힘들게 하는 것뿐 아니라. 그 여자가 그 남편과 지금 당장 이혼을 한다면 G에게도 좋은 점이 없는 상황이 되기 때문이다. 남편의 마음을 어떻게 다시 돌리냐는 것은 시간이 해결해 줄 것이다. 그러니 시간을 두고 바라보되, 그저 지금은 같은 집에 사는 손님이라고 생각하고 대하고, G 스스로를 가꾸는 것에 더 많은 시간을 투자해야 한다.

또한 큰 아이가 신경을 쓰는 것은 아빠의 불륜이 아니다. 엄마의 힘든 모습이다. 그러니 G가 힘들어하지 않으면 아이도 더 밝게 자랄 것이다. 둘째 아이는 자폐라는 장애가 있다는 사실을 볼 때, 남편이 더는 무책임하게 행동하지 않을 확률이 높다. 왜냐하면 장애를 가진 아이를 키우는 일은 그 무엇보다 힘든 일이고 그 아픈 아이를 두고 나갈 정도의 가치 있는 여자가 아니라는 점을 남편도 곧 알게 될 거라고 나는 생각한다. 그 힘겨움을 같이 겪은 부부의 정은 다른 부부들에 비해 더 깊고 또는 더 짙은 애처로움이 있을 것이기에 말이다. 그리고 지금 계속 힘들어한다면 큰 아이에게 미칠 영향이 크다. 아픈 동생을 두고 힘들게 살아온 엄마를 바라본 아이는 엄마가 또 아빠의 불륜으로 고통 받는다는 사실이 너무나 아플 것이기 때문이다.

그러니 힘들어하는 것을 어떻게 하면 빨리 그만둘지를 생각하는 것이 아이를 위한 가장 좋은 선택이다. 그냥 큰 아이가 모르게 말 안 했다는 사실로는 아무런 도움이 되지 않는다. 그냥 엄마가 힘들어한다는 걸 안다는 것 자체가 아이에게는 고통이기에 말이다. 이제 막 실행해야 하는 것은 딱 한 가지이다. 행복해지기, 남편으로 인해 내 인생의 조각들을 낭비하고 있는 본인이 아깝지 않은가?

아이와 함께 행복하기 위한 선택을 하라. 오락을 하든, 운동을 하든, 게임을 하든, 무엇이든지 해롭지 않은 것이라면, 재밌는 것들을 아이들과 함께하며, 웃고 즐겁게 보내면 좋겠다. 그렇게 지내다 보면 어느덧 남편도 '왜 저렇게 나 없이도 지들끼리 즐거운 거야?' 하고 살며시 끼어들고 싶은 것이다. 누구나 즐거운 곳에 속하고 싶은 본능이 있다. 그 누군들 나를 의심하고 몰아붙이려는 분위기에서 벗어나고 싶지 않을까. 사람이 늘 잊지 않아야 하는 절대적인 한 가지 진실이 있다. 내 마음대로 할 수 있는 것은 '내 손 안에 들린 커피 컵뿐이다'라는 점이다. 커피 잔도 내 손 안에 있을 때 마음대로 가능한 것이지, 손에 닿아 있지 않으면 그 마저도 내 마음대로 되는 것이 아니다. 그런데 왜 남편이 G의 마음대로 되지 않는다고 속상해하나? 이제 그 남편은 돈을 많이 주는 손님이고 남편으로 돌아오고자 할 때까지 그냥 내버려 두면 좋겠다. 지금은 그것이 최선이니 말이다.

[G의 두 번째 소식]

답장 주셔서 감사합니다. 모든 게 안정적으로 돌아오면 내년에 한국 가서 찾아뵐게요. 상간녀가 번호 바꾸고 연락을 다시 시작한 걸 의심할 때만 해도 확실치 않으니, 무시하고 지냈어요. 그런데 둘이 연락을 하고 있다는 사실이 확실하다는 것을 안 순간부터 남편이 하루 종일 상간녀와 메시지를 하는 걸 보니 미치겠습니다.
남편이 먼저 한국으로 찾아갔던 건가 싶기도 하고, '내가 저 둘을 불 붙여 놓은 건가' 싶기도 하고 여러 생각이 들더군요. 지금 저는 숨을 고르고, 자신을 다스리고 있어요. 선생님 말씀대로 남편을 손님 그래 돈 많이 내는 진상 하숙생이라 생각하기로 했어요. 큰 애는 어제 남편의 바람을 몇 달 전부터 알고 있었다고 하네요. 저보고 아빠 원하는 대로 해 주지 말고, 엄마 하고픈 대로 살아 달라고 말을 하더군요. 전 아이에게 엄마는 아빠를 미워하거나 싫어하지 않고 그저 실망했을 뿐이라고 "너도 아빠 어디 아픈가 보다 생각해 줘. 우리 아빠가 나아지기를 바라자"라고 얘기했어요.

제 남편은 여기 이민 온 1.5세예요. 유년기에 왔으니 그때로 정신세계가 멈추어져 있어요. 거기다 집안 환경이 남들이 콩가루 집안이라고 말할 정도로 좀 복잡해요. 전 어학연수 왔다 남편 만났습니다. 저희 시댁은 가족관계가 많이 복잡합니다. 그래서 결혼하자마자 남편 집안문제로 저희 부부는 맨몸으로 시댁을 나와야 했어요. 제 남편은 어머니가 돌아가셨고 아버지는 양아버지기에 쉽게 나올 수 있었습니다.

제 남편은 좋은 사람인 건 맞아요. 결핍이 많아서 유혹에 약한 것 같아요. 전 큰 아이가 저 때문에 상처 안 받게 열심히 즐겁게 살려고 합니다. 세포 언니께서 어제 메일 마지막에 쓴 '응원과 우정을 드리며'란 말이 제 가슴을 뭉클하게 만들더군요. 또 한 명의 좋은 친구를 둔 것 같아 행복했습니다. 오늘은 남편이 회사 컴퓨터를 켜 놓고 나간 덕분에 남편이 최근 검색하고 핀해 놓은 것을 봤어요. '어떻게 하면 평화롭게 이혼하는가?', '배우자에게 어떻게 이혼 요구하는가?', '이혼 결정을 하는 방법' 이 세 가지를 고정해 놓았더라고요. 너무나 속이 상했어요. 이걸 본 순간 남편에게 물어보고 싶더라고요. "내가 무엇을 그리 잘못한 거니?"라고요. 집을 나간다고 요구하는 남편에게 따져 묻고 싶었어요. 소리치고 싶었어요. 아무리 바람이 나서 미쳐도 그렇지 저렇게 될까 싶고, 물어본다고 해도 결국 상처는 나만 받겠지요? 하지만 이 사람 너무 심하다는 생각이 들고, 도대체 어떻게 해야 할지 모르겠어요.

나는 G가 모든 사실을 알고 있는데 무엇을 위해 더 일을 키우려고 하는지 묻고 싶었다. G가 모든 것을 알고 있는 걸 말하고, 그 여자에 대해 물어보는 순간 남편은 더 미쳐서 날뛰는 것이 기본적인 다음 행동일 것이다. 그러니 묻기 보다는 생각을 깊이 해야 한다. '나는 이혼을 왜 하고 싶지 않은 걸까?'를 말이다. 그럼에도 불구하고 이혼을 해야 한다면, 나는 어떻게 해야 할지를 좀 써 보면 좋겠다. 결혼을 계획을 짜서 하듯, 이혼도 계획이 필요하다. 우선 어떻게 대응할지를 매뉴얼을 만들어 보기를 권한다. 왜냐면 지금은 전쟁 상황과 다를 게 없으니 말이다.

내 평화를 깨려는 두 적들에 의해내 가정이 폐허가 되려는 순간이다. 어떻게 맞설 것인가를 가만히 고민해야 할 때이다. 지금은 감정을 앞세우며

화나 내고 있을 때가 아니다. 침착하게 숨을 고르고 생각해 보아야 할 때이다. 그렇게 어떻게 결론을 내릴지를 다시 써서 스스로 읽어 보고 깊이 생각해 보아야 할 때일 뿐, 누구와 싸워야 하는 시간은 아직 아니었다.

G의 남편은 아플 수밖에 없는 환경에서 성장했다. 그리고 이별에 서툴다. 또한 누군가의 관심을 끝없이 원한다. 아마도 불안장애를 앓고 있을 것이다. 그런데 지속적으로 본인에게 관심을 주는 그 상간녀가 그 불안을 잡아 준다고 착각하고 있다. 그러니 사랑이 아니다. 그저 치료가 필요하다. 어릴 적 친부를 떠나 엄마의 불륜상대를 따라 미국으로 건너간 G의 남편은 양아버지의 학대 속에 성장해야 했다. 그뿐 아니라 불법체류라는 이름이 붙여진 채 살아왔을 그의 유년의 삶이 얼마나 힘들었을지 짐작이 간다. 내가 잠시 아이들 공부를 위해 머물던 유럽도 내게는 두려운 곳이었다. 다 큰 성인인 내게도 두려운 낯선 해외의 삶을 친아빠도 아닌 양부의 손을 잡고 백인우월주의가 가득 찬 그곳에서 동양인 아이로 살아가기가 얼마나 버겁고 외로웠을까. 아마도 외로움에 치를 떨었으리라 그리고 두려움에 가득 차 성장했을 거란 건, 불 보듯 뻔한 이치이지 않은가.

그런 성장 배경 속에 양아버지의 다른 동생들이 태어나고, 양아버지는 뒤 늦게 태어난 자신의 친아이들을 편애했을 것이다. 그 편애와 차별을 견디며 수많은 매를 맞으며 성장한 그는, 누군가를 믿는다는 것이 어렵다. 가정에서 행복을 찾는다는 사실도 어려울 수밖에 없다. 집안이 아닌 집 밖에서만 안정을 느꼈던 어린 시절에 존재하는 집처럼 그에게 가정이란 불안한 장소일 것이다. 왜냐하면 지금도 그는 아직 그 집에서 나오지 못한 소년에 멈추어 있을 테니 말이다. 상처가 짙은 어린 시절을 보낸 사람이 건강한 성인으로 살아가는 것은 매우 힘들다. 거의 불가능에 가깝다

해도 거짓이 아니다. 스스로 그 상처를 치유하기 위해서는 본인이 뼈를 깎는 아픔을 느낄 정도의 노력을 해야 한다. 그런데 그러한 과정 없이 가정을 꾸리고, 아픈 아이를 아내와 함께 양육하며 나름 가장으로서 어렵기만 했을 그의 삶이 안쓰럽기까지 하다.

이런 점을 G는 나와의 메일 속에서 이해하려고 애썼다. 그래도 그 가정은 작은 실 한 오라기를 쥔 채로 버티어 가고 있다는 걸 G의 메일을 통해 확인하는 시간을 보냈다. 그렇게 세 번째 소식이 이어 왔다.

그 메일에는 남편을 이해하려고 애쓰고 있는 본인의 모습이 보였다. 한편으로는 남편의 잘못된 태도와 관계없이 성장해 가는 G의 생활이 적혀 있었다. 조금 발전된 모습으로는 남편이 집을 나가겠다는 소리를 멈추었고 부부 상담을 받기 시작했다고 했다. 물론 큰 도움이 될지 안 될지는 알 수 없지만, 그래도 두 부부가 노력을 하기 시작했다는 사실이 기뻤다. 둘의 문제는 끝이 나기에는 너무나 멀고도 멀어 보였다. 나와 메일을 주고받는 동안 그녀는 그보다 본인의 삶에 좀 더 집중을 하며 그에게 시간을 주려고 한다고 말했다. 그가 아프다는 사실을 인지함으로서 이해할 수 있는 힘이 생겼고 소중한 가정을 지켜 내겠노라는 소식을 전하며, 우린 지금도 친구로 지내고 있다.

case 4) 내게 너무 먼 효자 남편과 아름답게 동행하기

결혼 상대 중 가장 힘든 대상을 꼽으라면, 다들 효자 남편을 지목한다. 효자 남편은 원가정에서 분리되는 것을 견디지 못하고 끝까지 자신의 가족은 친가 식구들이라고 생각한다. 현재 결혼해서 아이를 낳고 키우는 아내와 둘 사이의 아이들이 진짜 가족은 아니라고 생각한다. 결혼 후에도 원가족인 친가를 진짜 가족이라고 말하고 행동한다. 그러니 효자 남편과 사는 것은 적과의 동침이 아니고 무엇이겠는가 말이다. 효자 남편과 사는 것이 더욱이 힘든 것은 대리 효도로 이어지기 때문이다. 본인만 효자이면 되는데 아내까지 효부가 되어야 한다고 강요하고, 그 강요는 부부싸움으로 이어진다. 아이를 낳고 키우는 힘든 시간에도 시어머님이 어려운 시간을 겪고 있다며, 본인의 엄마가 힘든데 넌 왜 애만 보느냐고 화를 내거나 또는 시댁에 신경 쓰느라 애를 소홀히 하면 애 엄마가 애도 제대로 못 본다고 화를 낸다. 그러니 어느 쪽에 장단을 맞추어야 할지 미치고 팔짝 뛸 노릇이 된다.

한마디로 '너 왜 안 완벽해?', '그러면서 결혼을 한 거야?' 라는 말이 들리는 듯하다. "그러는 너는 왜 우리 집에 잘하지 않니?"라고 하면 돌아오는 것은 더 큰 비난일 뿐이다. 내 아이와 나와 이 가정을 지키려면 지독히도 효자인 남편이 대단하다고 인정하고 나 또한 그 대단한 효부가 되어 살아가야 한다.

이러한 효자 남편과 아름답게 동행하기란 쉽지 않다. 왜냐면 시댁의 모든 사람이 개선되어야 한다고 생각하기 때문이다. 시부모도 달려져야 하고, 남편도 우선 생각이 바뀌어야 한다. 나 또한 비난에 강해져야 한다. 그러니 모두 바뀌어야 한다는 생각으로는 이 결혼을 이어 가긴 어렵다. 그러나 딱 한 사람 나만 바뀌면 된다는 걸 인식하면 어렵지 않다. 아름답게 동행하자면서 나 혼자만 바뀌라는 말이 이해가 어려울 것이라 생각된다. 하지만 딱 나 하나만 바뀌면 이 상황은 바뀐다.

일단 '남편의 효도에 관여치 말자'가 첫 번째이다. 남편이 효자인 것은 남편의 선택이고 하고자 하는 대로 두라. 그걸 관여코자 할 때 괴로움이 생기기 때문이다.

타인을 바꾸고자 할 때 가장 괴롭다는 건 누누이 말해 온 것이기에 여러분도 인정을 하고 이 장을 읽어 가면 좋겠다. 두 번째, '나는 효부가 아니어도 된다'이다. 왜냐면 나는 효부가 되기 위해 결혼한 것이 아니다. 내가 내키거나 할 수 있는 선을 정해서 그 이상은 하지 않아야 한다. 처음에는 욕도 먹고 여러 가지 번잡스런 일들이 생기겠지만, 그 순감을 견뎌 내면 평생이 편안하다. 나는 당신들의 타인이니, 당신들이 안 바뀌듯 나 또한 바뀔 생각이 없다는 것을 명확히 하라.

그러면 그들도 타인을 내 맘대로 하려는 것은 불가능하다는 것을 받아들이는 순간이 있을 것이다. 시댁에게 잘하지 말라는 것이 아니라, 오버해서 행하지 말라는 것이다.

결혼 첫해 시댁에게 너무 잘하면 갈수록 욕을 먹는다. 첫해는 아주 모르는 척한 정도로 조금만 감사를 표하라, 결혼 첫해 시집살이는 3살짜리도 한다는 속담이 있다.

그 정도로 첫해에는 서로 잘하려고 한다. 서로가 잘할 거라고 믿어서, 시댁의 사랑과 관심도 며느리의 효와 관심에 집중되어 있다. 결혼이라는 이벤트가 일상이 되어 갈 무렵 소소하게 변하는 효와 관심이 그 일상 속에서는 욕먹을 거리가 되는 것이다. 하지만 우리는 일상을 함께 살아갈 가족이 되어 있지 않은가 말이다.

그러니 첫해부터 시댁에 본인이 하고 싶어 하는 만큼보다 조금 부족하게 효를 행하라고 말해 주고 싶다. 그리고 조여 오는 관심과 강요되는 효는 명확히 거부해서 어느 선까지는 경계를 그은 채로 가야 한다. 진짜 가족이 된 남녀 두 사람의 삶은 철저히 두 사람의 것임을 시댁도 친정도 인정해야하기 때문이다. 그러니 내가 싫은 것은 명확히 싫고, 결혼 한 한 해, 두 해 때까지는 행하고 싶은 효의 반의반만 표현해서 가는 것이 효자 남편과 더 아름답게 동행하는 길임을 말해 주고 싶다.

[H의 전체 소식]

세포언니 도와주세요. 효자 남편으로 인해 이혼을 앞에 둔 저에게 조언 부탁드립니다.

저희는 결혼 6년차 5살 딸, 8개월 아들을 두었고 저는 ○○세 공무원, 남편은 ●●세 공기업 근무 중입니다. 결혼 초부터 행복한 가정은 아니었습니다. 남편과 저는 아이들에게는 서로가 인정하는 1등 엄마, 아빠입니다.
그리고 양가 가족들도 복 받았다 할 정도로 성품도 좋고 서로의 배우자에게 잘 대해 주셔서 늘 상호가 인정하는 부분이었어요. 그런데 문제는 남편의 도가 지나친 효입니다. 그리고 말과 행동, 속마음과 표현이 일치하지 않아 실망하게 하고 혼란스럽게 하는 점을 가장 크게 꼽을 수 있습니다. 그런 반면 남편은 제가 자기를 항상 무시하고, 분노조절에 장애가 있다고 합니다. 남편이 말하는 저의 문제를 저는 인정하고 있습니다.

저는 연애할 때 남편이 본인이 '나는 어떠한 사람이다' 하는 말을 그대로 믿었습니다. 그렇게 몇 번 만남으로 결혼 상대자로 정해 놓고 남편의 행동과 말을 탐색했습니다. 그렇게 우리는 10개월 만에 결혼을 하게 되었습니다.
그런데 남편은 남편이 말한 괜찮은 사람이 아니었어요. 완전히 거짓말은 아니었지만 10프로는 사실, 90프로는 과장돼 있던 거였어요. 부풀림을 걷어내니 내가 알던 그 사람이 아니었습니다. 그때부터 저는 남편에게 왜 결혼 전과 후가 다르냐며 묻고, 화도 내고, 부정하고 끔찍한 3년의 신혼기간을 보냈어요. 결혼 초부터 남편에 대한 사랑과 신뢰는 전혀 없었죠.

그때는 모두 남편이 잘못했고 나쁘다고 생각했습니다. 그렇게 원망만을 하며, 현실을 받아들이기 힘들어서 남편에게 못할 말과 행동도 많이 했습니다. 제가 얼마나 자존심만 세고, 자존감은 낮고, 스스로를 모르는 나약한 인간이었는지 힘든 결혼 생활을 통해, 상담도 공부하고, 책도 읽으며 저의 문제점을 알게 되었습니다. 그 사람은 결혼 전이나 후나 변함없이 같은 사람이었고, 그 사람이 한 말에 허점이 있다는 것을 많은 순간 알 수 있었던 적이 있었지만, 저는 그걸 보지 않고 제가 보고 싶은 점만 보고 왜 다른 사람이냐고 다그쳤던 것이죠. 문제의 시작은 저에게 있었다는 것을 깨닫기까지 6년이 걸렸습니다. 시작부터 무시로 시작된 결혼 생활은 그 구도가 좀처럼 바뀌지 않았습니다.

저는 임신 중에 남편에게 쌍욕을 듣고 진심어린 사과를 받지 못했는데 남편은 시어머니에게 전화해서 소리를 쳤다고 졸지에 폭언한 며느리를 만들어 오히려 저를 천하의 나쁜 사람으로 매도를 한 사건이 있었습니다. 남편은 그 이후로 눈이 돌아 어떤 말도 곧이곧대로 듣지 않고, '**년, ***년' 소리를 입에 달고 삽니다.

지금은 이사한 지 3개월이 되어 가는데, 매주 금요일이 되면 혼자 두 아이를 데리고 시댁에 갑니다. 그러면서 '당신 힘드니까 가서 있다 오겠다' 합니다.

어머니 힘드신데 나 위하는 거면 가지 말라고 하면 "내 새끼 데리고 내 집 가는데, 네가 무슨 상관이냐?"라며 신경 끄라고 합니다. 그리고 너 때문에 어머니에게 더 잘해 드리고 싶어도 잘할 수 없다고 비난합니다. 제가 겪은 일들의 일부를 시댁과 친정에 알렸고, 지금은 이사 후 3개월 동안 각방을 쓰며 냉전 중입니다. 저는 도저히 이해가 안 되고, 사이가 좋기만 했던 저와 어머니 사이를 결국 등을 돌리게 만든 남편을 이해되지 않습니다. 결국 저와 시어머니는 상호 오해가 쌓여 서로를 원망하게 되었고, 남편과는 꼬이고 꼬인 관계를 되돌리기 어려운 지경에 이르렀습니다. 부부 상담을 한 번 받았는데 남편은 자기가 효자라는 것을 전혀 인정하지 않고 더 이상의 상담을 거부합니다. 이제 정말 남은 것은 이혼밖에 없는 걸까요?

제가 지난 시간 동안 남편을 무시하고, 시댁과 관련된 일들로 문제가 있을 때 격분했던 일들의 잘못은 뼈저리게 인정하고 반성하고 있습니다.

아이들을 위해 남편의 상처에 진심으로 사죄하고 서로의 관계 회복을 위해 마지막 노력을 해 보고 싶습니다. 도저히 제 상식으로는 이해할 수 없는 시댁 문제가 너무나 큰 비중을 차지하고 있고, 그 점을 남편이 인정조차 하고 있지 않아 회의감이 듭니다.
이제 아이들의 인생, 저의 인생이 달린 선택의 기로에서 자기 연민에 빠지지 않고, 그간 오만했던 태도를 반성하고 객관적으로 문제를 바라보고 싶어 도움을 요청합니다.

이 사연자 H는 지금 문제의 초점을 남편이 효자라는 것에 두고 있다. 하지만 내가 사연을 읽은 후 느끼는 점은 남편이 효자라는 점보다는 남편이 하는 행동에 지나치게 민감한 사연자의 문제인 것으로 보인다. H는 연애시절 남편이 굉장히 괜찮은 남자라고 이상형과 가깝다고 생각해서 결혼을 했다. 그리고 자신이 그 굉장한 남자의 구애를 열렬히 받을 만한 1등 신부감이니 구애를 한 남편이 이익을 취했다고 생각한다. 그렇다면, 결혼에서 정말 이득을 취하려고 하는 쪽은 누구였을까?

대리효도만을 강요하는 남편은 정말 밉다. 나도 그 마음을 알지만, 그렇지만 지금 그녀의 말대로 그녀가 늘 결혼과 동시에 남편을 무시하고 실망으로 시작된 결혼생활이라면, 그도 그 무시와 실망 속에서 그녀에게 실망하고 무시하고자 하는 마음이 점점 더해 갔으리라 생각된다. 사람은 상대적이니 말이다. 그러니 마음은 진짜 가족인 지금의 가족이 아닌, 원가족에게 되돌이표 되고, 원가족에 마음을 쏟으며 그도 견뎌 온 건 아니었을까?

나는 그녀에게만 문제가 있다고 말하는 것이 아니라, 그녀도 그 문제의 시작에 책임이 있다는 것을 말하는 것이다. 결혼을 해서 남자들과 살다

보면 늘 내 남편은 지나치게 효자라는 생각이 든다. 그건 당연한 일이어야 한다. 내 부모에게 기본도 안 하는 아들은 내게도 좋은 남편이 될 수 없다. 하지만 시댁에 하는 효도는 남편의 선에서 마무리가 되어야 하는 것이지, 아내까지 효부가 되지 않는다고 강요해서는 안 된다는 점이 중요한 쟁점이라 할 수 있겠다. 그러니 지금 H의 남편이 잘못은 효자인 것이 아니라 아내에게 효도를 강요하고 있고, 언어폭력까지 한다는 점이 문제인 것이다.

그녀는 스스로 분노조절 장애가 있음을 알았고, 스스로를 변화시키기 위해 6년의 노력 끝에 남편이 원래 그런 사람이고 내가 그 점을 보지 못했던 것을 알았다고 한다.

그녀가 연애시절을 거쳐 결혼을 한 후 변해 버린 무관심한 배우자의 모습에 상처 받으며 눈물 흘리지 않았으면 좋겠다. 왜냐면 그녀의 남편은 변해 버린 것이 아닌 본인의 본모습으로 돌아오는 것임과 동시에 연애 때 알던 모습은 그녀가 보고자 하는 면만을 보았기 때문에 좋은 쪽으로만 생각이 들었다고 하는 편이 맞겠다. 결혼을 하고 싶은 마음에 좋은 점만 바라봤지만 결혼 후 같이 생활을 하며, 예전의 그와 같지 않다고 판단하고 변했다고 여기는 것이라는 것을 인정해야 한다. H는 우선 이혼이 아니라, 스스로 가지고 있는 분노조절 장애의 치료를 통해 안정을 찾고 잠시 남편과 소통하려는 의지를 멈추어야 한다. 그래야 제대로 소통할 수 있을 시기가 왔을 때 이성적으로 대화할 힘이 생기기 때문이다.

그렇게 본인이 치유되어야, 남편의 치료도 가능하게 될 것이다. 효자인 것이 문제가 아니다. 남편의 의견보다 본인의 의견이 우선시되어야 한다는 점과 본인만 옳다고 생각하는 것 또한 지금까지의 갈등에 원인인 것을 받아들여야 한다. 남편도 완전한 타인임을 인정하고 그를 바꾸려 해서는 안 된다. 그도 그가 하고 싶은 것을 할 권리가 있으며, 효도는 셀프로 하게 두면 된다. 욕을 하는 습관은 우선 본인이 단단해져서 이성적으로 대하는 것이 좋다. 그 점에 대해 치료도 함께 받자고 요청하며 이해시켜 나가며 풀어가야 한다. 무조건 네가 효자니 나쁘다는 부부상담은 필요치 않다. 효자인 것이 왜 나쁜가? 그것을 강요하는 것이 틀린 방법일 뿐, 그 점이 나쁘다고 할 수는 없다.

나는 이들이 이혼은 하지 않기를 바랐다. 시댁은 이미 진짜 가족이 아니다. 친가라는 표현으로 불리는 사람들이다. 그러니 진짜 가족이 친가라 불리는 예전 원가족에게 휘둘려서 가정이 깨지는 것은 정말 억울한 일이다. 두 사람이 안 맞는 점보다 효자라는 점을 강조하고 있는 H는 피해의식이 생길 수밖에 없다. 두 사람의 문제는 두 사람이 풀어 가야 하지 남편이 효자여서라는 쟁점으로는 절대 해결될 수 없는 상황이다. 남자들은 인정받고 싶고, 감사로 완성되는 대화를 하고 싶어 한다. 그런 반면 여성은 관심 받고, 공감받으려고 하니, 참견과 지적으로는 남편의 변화를 바랄 수 없다. 아내가 바라는 것은 최종적으로는 사랑받음에 있다. 그런데 사 받음이 아니라, 효를 강요당하고 나쁜 여자로 치부되는 점이 질리도록 힘들거라는 공감이 든다. 그래도 이 문제는 결국 본인의 문제로 귀결된다. 타인의 행동을 바꾸거나 마음을 바꾸기보다는 내 마음을 치료하는 것이 가장 큰 건강함으로 자리하기 때문이다. 그녀가 우선 스스로 건강해짐으로써 가정을 회복시켜 가길 바라며, 남편의 효에 신경 쓰지 말고 효를 강요당하는 것을 유하게 거절해 감으로써 서서히 합의점을 찾기를 바란다.

어떤 일이든 강하고 신경질로 거부감을 표현해야 상황이 나아지는 것이 아니다. 서서히 조율해 가는 것이 가장 중요하다. 너는 어떻게, 나는 어떻게 하자라는 결론을 내기보다는, 이렇게 저렇게 해 보다가 가장 좋은 방법으로 조금씩 변화되어 가는 방식이 시댁 문제에는 가장 적절하다. 왜냐하면 가족 문제는 우리 두 사람 외에 지나치게 많은 사람들의 개입이 문제가 되는 것이다. 그러니 두 사람 사이에 있는 그들의 의견을 지나치게 문제에 적용하기보다는 적당히 고려하는 차원에서 넘겨야 한다. 그리고 행위의 주체는 두 사람임을 잊지 말아야 한다. 또한 가장 중요한 것 또한 두 사람이 지금 만들어 낸 진짜 가정이라는 점을 반드시 명심하고 접근해 가야 한다는 것이다. 내 가족, 네 가족 하며 편을 가를 필요도 없다. 그저 그들은 지금 진짜 가족이 아님을 인정하고 이 문제 풀이를 시작해 가야 한다. 그리고 그들도 가장 바라는 점은 두 사람이 가정을 이루었고 자식을 낳은 상황일 때는 더욱더 그 가정이 행복하게 살기를 바란다는 점도 잊지 말자. 둘이서 잘살면 그만이라는 말을 하는 시댁과 친정의 바람처럼, 둘이 잘사는 것이 진정한 효도라는 점을 잊지 말고 생활해 가야 한다는 것을 다시 한번 강조하고 싶다.

3

이혼이라는 정답을 받아들이기

case 1) 멀리 떠나는 아이들을 향한 사모곡, 그럼에도 불구하고…

사람들이 가장 두려워하는 것은 나도 모르는 사이 달라져 버린 누군가의 마음이 아닐까 싶다. 만약 그 사람이 내 아이들의 엄마이거나 아빠라면 더욱 힘겹다. 어느새 저 사람은 저렇게 멀리 가 버린 걸까를 생각하고 또 생각한다. 그 순간 다가오는 것은 그 사람을 향한 원망보다는 나에 대한 자책이다. 그 사이 상대방은 이내 더 멀어져 있다는 것을 느끼는 찰나는 차라리 내가 태어나지 않았던 게 나은 게 아닐까 싶을 정도의 고통이 밀려온다.

부부는 여러 가지 이유로 멀어진다. 하지만 잘 정리해서 돌아보면 다름을 인정 못하는 것에서 오는 한 가지 이유로 귀결된다. 우리가 서로 다름을 인정한다면 우리가 멀어지는 순간이 늦춰지거나 오지 않을 수 있지 않을까? 늘 부부 상담을 오는 부부들이 하는 말은 한결같다. "저 사람이 왜 그러는지 알 수가 없어요", "저 사람이 때문에 내가 이렇게 됐어요", "저 사람이 내가 하라는 대로만 하면 되는데 그걸 안 해요"로 정리된다. 그러니까 두 사람이 멀어진 것은 '내가 시키는 대로 하지 않을 것'이 원인이라는 것이다. 하지만 누군가가 내가 시키는 대로 모든 것을 다 한다는 것도 이상하지 않을까? 그렇게 살아야 한다면 누군가와 같이 살고 싶은 사람이 있을까?

절대 그럴 수 없다는 것을 우리는 안다. 그런데도 그 사람이 나의 아내여서 또는 남편이어서 내가 하라는 대로 해야 한다는 것은 억지거나 절대 이루어질 수 없는 판타지에 가깝다.

이렇게 멀어진 부부는 다시 다름을 인정하는 데 시간을 투자해야 한다. 내가 아닌 이상 타인을 내 통제하에 두는 것이 불가능하다는 것을 받아들이는 동시에 나에 대한 존중이 상대에 대한 존중으로 이어져야 회복이 가능하다. 한집에 있으면서 죽을 때까지 함께해야 하는 사람이 불편하게 느껴진다면 절대 행복할 수 없다. 둘 사이에서 편안함을 느낄 때, 그 평범함이 행복이라는 의미로 다가오는 것을 현실 부부들은 왜 그리 알기 어려워할까? 그저 사랑한다는 것이 나를 위해 무언가를 해 주는 것이라고 우겨대는 내담자들을 보고 있자면, 저 모든 것이 스스로 해야 하는 일이고 그 문제는 본인에게 있다는 말이 툭 하고 터져 나올 것 같은 순간도 있다. 내가 행복하고 싶은 만큼 상대 배우자도 같은 마음이라는 것과 그럴 자격이 충분한 나와 같은 존재인 것을 인정해야 한다. 그렇게 된다면 둘의 관계는 진정한 사랑으로 시작된 것처럼 끝까지 사랑하며 살 수 있을 것이다. 그 점을 인정하기가 '저리도 어려운 건지…'란 심정으로 그들을 바라보자면 속이 타들어 가듯 갈증이 생기기도 한다. 이처럼 배우자의 행복하고 싶은 마음을 이해해야 한다. 상대가 내 권위 아래 또는 내 계획하에 따라 움직여야 한다는 고집은 상대와 나를 불행하게 한다. 그렇게 점점 멀어지다 보면 어느덧 둘 사이는 회복이 불가능해지는 것이다.

그 회복이 불가능해진 순간이 왔다면 현실을 받아들이고 새로운 길을 가기 위한 마음을 준비해야 한다. 이혼이 우리의 삶의 끝이 아니고, 새로운 준비일 수 있음을 받아들이고 살아가야 한다. 우리는 행복하게 살아가기 위해 세상에 왔다. 그렇기에 태어나서 행복을 느끼며 살아야 하는 권리를 이혼의 결정으로 깨트려서는 안 되는 것이다. 어느새 멀어진 배우자가 이혼을 원한다고 해서 내가 불행해져야 하는 건 아니라는 말이다. 돌이킬 수 없는 관계 속에서 삶을 휘저어 가며 엉망으로 살아갈 순 없다. 명확하지 않은 희망만을 좇으면서 진정한 삶을 낭비하고 있는 것인지도 모른다. 그러니 결혼은 걸어서 하고 이혼을 뛰어서 하라는 유태인의 속담을 빌어서 말하자면 이젠 돌이킬 수 없다는 것을 안 순간 빠르게 결론을 내리고 새 삶을 향해 뛰어들어야 한다. 그래야만 내가 죽을 어떤 시각에 후회도 적을 것이기에 말이다.

[I의 첫 번째 소식]

저는 ○○년생 ●●살 남성입니다. 아내도 동갑이고 29살에 결혼해서 아들과 딸을 두고 있습니다. 대학 다닐 때 알고 지내던 친구였는데 결혼 1년여 사귀고 나서 결혼했고 결혼 후 직업상 같이 산 기간은 5년 정도고 나머지 기간은 떨어져 살았습니다. 결혼 생활을 돌이켜 보면 성격 차이로 인해 그리 화목하진 않았습니다. 그렇게 살아오며 결정적으로 사이가 안 좋아진 계기는 아내가 본인 직장 일을 잠깐 쉬며 사업을 하면서 저와 의논 없이 대출받고, 보험중도인출 등을 받으면서 빚이 산더미처럼 불어난 사건이 생기면서부터입니다. 거의 파산 직전이 돼서야 저한테 얘기를 했습니다. 그때 너무도 화가 나서 제가 순간 욕 몇 마디하고 큰소리를 많이 쳤네요. 신체적 폭력은 당연히 없었습니다.

그 이후에 아내 사업을 정리하면서 제가 모아 놓은 적금 다 깨서 대출금 갚아 주고 나니, 가정에 남는 게 하나도 없더군요. 전적으로 아내한테 살림을 믿고 맡겨 왔는데 앞으로 내가 돈 관리를 해서 제로베이스에서 다시 일어나 보고자 했습니다.
그래서 아내가 다시 시작한 직장생활 봉급도 제가 관리를 하면서 조금 빡빡하게 대했습니다. 잔소리도 좀 하면서요. 그렇게 몇 개월 정도 흐른 뒤, 어느 날 톡이 왔습니다. 껍데기뿐인 결혼생활 끝내고 이혼하고 싶다고요. 그 이후에 제가 애들 봐서라도 맘 돌려 달라고 애원했지만, 잘 되질 않더군요. 아내는 월급도 이때부터는 자기가 알아서 관리한다고 하면서 남남처럼 알아서 살자고 했습니다.

위 상황이 지금으로부터 6년 전입니다. 그 기간 동안 수많은 일이 있었지요. 아내는 외모를 가꾸고 여러 동호회 모임에 나가고, 밤에도 늦게 들어오는 일들이 있었으며, 남자를 만나는 것도 알게 되었습니다. 아내는 이상한 관계를 의심하는 저를 더 이상한 놈 취급도 하더군요. 그 이후에 아내는 휴대폰을 암호로 굳게 닫아 버렸어요. 제가 이혼 안 해 준다고 버티니까 이혼전문변호사에게 상담까지 받았더군요. 저는 이런 사실들을 알면서도 아이들 생각과 아내를 사랑하는 마음 때문에 이혼은 못하겠다고 버티고 있거든요.

아내는 몇 년 전부터 이민을 준비했습니다. 일할 자격증도 합격했고, 올해 말이나, 내년 초 영주권을 받아서 해외 병원으로 이직할 예정입니다. 아이들은 데리고 간다고 하고 있고요. 한국에라도 있으면 제가 아이들을 가끔 보면서 버티어 보려 했는데, 이제 해외 가는 것까지 겹치니 그만 놓아 주어야 하나 싶습니다. 처갓집도 처음에는 아내가 저 몰래 대출받고 한 것 등에 대해 저한테 미안하다고 하고 애들 봐서라도 참으라고 했는데 이제는 자기 딸 편을 들고 있고 본가 부모님은 이제는 저 보고 이혼하고 새 삶을 찾으라고 계속 말씀하세요.

아내와의 회복을 꿈꾸며 버텨 왔지만 서로에 대한 신뢰가 무너지고 추구하는 삶의 방향이 너무 달라 제가 버틴다고 깨진 유리잔이 다시 붙지는 않을 듯싶어요. 제 전화는 차단한 상태고 애들 문제로 필요한 사항에 대해서 톡만 주고받고 있습니다. 하루에도 몇 번씩 아내와 헤어지는 것이 나와 아내가 행복해지는 것인지 고민하고 있어요. 그래도 제가 버티는 것이 애들한테 이혼이라는 굴레를 안 남기고 상처를 주지 않는 것인지도 고민이고요. 솔직히 이혼이라는 딱지가 붙는 것도 싫고 행복한 가정에 대해 미련이 많이 남습니다. 물론 다시 회복될 가능성이 크지 않다는 걸 알면서요.

한재원님은 저 같은 사람들에 대한 경우를 많이 접하셨을 거

라 생각되네요. 바쁘시겠지만 조언해 주시면 많은 도움이 되리라 생각됩니다. 읽어 주셔서 감사합니다.

위의 사연을 접한 순간 나는 그가 이미 아내와 남이라는 생각이 들었다. 그 누가 나선다고 해도 아니, 아무리 버틴다고 해도 그건 틀린 생각이다. 이미 끝이 났다는 사실을 그도 알고 있었지만 받아들이고 싶지 않은 마음만 있을 뿐 돌이킬 수 없는 관계였다. I가 아이들을 위해 버텨 보겠다는 생각은 이미 틀린 생각이다.

나는 늘 방송을 하며 말을 하지만, 되도록이면 이혼을 권하지 않는다. 그런데 I의 부부는 이미 끝이 난 사이였다. 소송을 해도 I의 아내는 이길 가능성은 없지만, 그래서 이혼을 안 하려면, 안 할 수도 있겠지만, 이미 이민까지 생각하는 아내와 무얼 어떻게 할 수 있을까?

그렇게 용감하게 이민을 가겠다는 아내는 원래 독립적이어서 그럴 가능성도 높지만, 미국에 있는 남자와 사귀고 있을 가능성도 있어 보인다. 지금은 이혼을 순순히 해 주기보다는, 원하는 조건을 아내에게 이야기하고 그 조건을 수용하게 하는 쪽이 더 현명한 선택이 아닐까 싶다. 40대 초반이면, 사실 시작하기에 늦지 않은 나이이다. I는 얼마든지 좋은 이를 만날 수 있다고 생각한다.

아이들까지 해외로 데려간다는 사실은 너무나 가슴 아픈 현실이지만, 그래도 아이들이 좋은 교육을 받을 수 있다면 유학을 보내는 마음으로 아이들의 건승을 빌어 주어야 할 때이다. 물론 그렇다고 아이들과의 만남을 포기해서는 안 된다.

떨어진다고 해도 아이들은 늘 아빠를 그리워할 것이고. 엄마가 아무리 아빠 욕을 한다고 해도 아빠를 사랑하는 아이들 마음을 막을 수는 없을 것이기에 말이다.

그러하니 아이들 사랑하는 마음의 끈은 놓지 않기를 권하고 싶다. 그리고 그 끈과 함께 이제 I의 인생을 살아가야 한다. 직장에서 얼마나 불이익을 당할진 모르겠지만, 요즘 세상은 좀 다르다. 그리고 그 불이익이 커 봐야 얼마나 크겠는가. 용기를 내야 한다. 나는 I가 끝까지 가정을 지키려고 노력한 5년에 박수를 치고 싶다. 정말 고생 많았다며 등을 두들겨 주는 마음으로 지금 이 글을 쓴다. 그리고 참 잘했다고 생각한다. 왜냐면 아이들은 자라서 아빠가 얼마나 가정을 지키려고 노력을 했는지 알 것이고 고마워할 것이기에 말이다. 그러니 지난 5년도 헛되지 않았다. 마음고생, 몸고생 해 가며 지금까지 수고 많았다고, 아내 대신 내가 위로의 편지를 보냈다.

이제는 어떻게 하면 될지 막막할 I를 위해 현실적인 이야기를 하자면, 이제는 유리한 이혼 조건을 찾아야 한다. 그는 훌륭한 아빠였고 그리고 남편이었다. 분명히 좋은 분을 다시 만나기 위한 기회가 주어진 거란 생각이 들 때가 올 것이다. 그리고 어딘가에 진정한 I의 동반자가 살고 있고, 지금 기다리고 있다는 걸 믿고 이제는 새로운 삶을 위해 한 걸음 디뎌야 한다.

[I의 두 번째 소식]

님이 보내 주신 답 글을 읽고 한동안 눈물을 쏟았습니다. 마

흔 넘은 남자가 운다니 이상하시겠어요. 그간 직장 동료나 친구들에게도 말도 못하고 혼자 처절하게 고민하고 또 고민하고 있었거든요. 가정에 아무 문제없는 척, 혼자 떨어져서도 잘사는 척하면서 말입니다. 야근하고 숙소에 들어서면 아무도 없는 컴컴한 방에서 울기도 많이 울었네요. 이 문제로 대표님께 이렇게 위로받으니 생소하면서도 너무나 감사합니다.
대표님 말씀처럼, 서로가 회복 불가하다는 걸 알면서도 이혼이라는 것을 회피하고자 버텨 왔던 것 같습니다. 지금은 여자에 대해 많은 불신이 있지만 대표님 말씀처럼, 이혼하더라도 좋은 사람을 만날 수 있으리라 믿고 싶네요. 다시 한번 감사드립니다.

인생을 살아간다는 것이 고되다는 표현들을 많이들 하지만, 내 생각은 다르다. 삶은 누리기 위해 살아가는 것이지 견디는 것이어서는 안 된다. 살아가는 동안 일어나는 일들이 결코 나쁜 게 나쁜 것만은 아니고, 좋은 것이 좋은 것만은 아니란 걸 잊지 않아야 한다. 그가 고민할 것은 그저 아이들에 대한 사랑을 멀리서나마 어떻게 전할지를 고민해야 할 것이다. 그리고 그걸 이해할 여자를 만나 다시 사랑하고 행복해지는 것이 중요하다고 생각된다. 삶은 좋은 것을 꿈꾸고 기다린다면, 늘 좋은 것으로 다가올 것이기에 말이다.

[I의 세 번째 소식]

> 대표님이 조언해 주시는 것과 같이 진짜 이혼을 실행한다면 어떻게 아이들에게 상처 주지 않고, 관계를 슬기롭게 정리하느냐로 고민 중입니다. 양육비는 얼마로 제안할 건지, 관계정리 시기는 언제쯤으로 제안을 해 볼지. 아이들의 친권 문제, 면접 문제는 어떻게 해야 할지.
> 나름대로 갈팡질팡하며 고민 중입니다. 잠자리에 들어 이리 뒤척, 저리 뒤척, 고민만 하고 있네요. 아이들을 떠올리면 큰 상처 주는 게 아닐는지가 가장 큰 고민이고요. 좋은 것을 꿈꾸면 좋은 것으로 다가온다고 격려해 주시는 말씀이 너무나 힘이 됩니다.

그는 이혼을 '한다'기보다. '당한다'라는 표현을 써야 맞는지도 모른다. 하지만 그것을 당한다기보다 내가 선택해서 행한다고 느낄 때 조금이라도 일어설 힘이 생길 것이다. 그는 일어서야 했다. 이렇게 슬퍼만 하고 있기에는 그 아이들은 빠른 시간 안에 먼 타국으로 떠나게 될 테고 그는 그 아이들에게 얼굴을 보며 사랑한다는 말을 전할 시간조차 없을지도 모른다. 그래서 나는 그에게 전화를 걸어 아이들을 생각해서 어서 일어나서 사랑한다고 말하라고 전했다. 그는 이제는 조금씩 나아지고 있노라고 답해 주었고 아이들을 위해 많은 양육비를 보내 주려고 하고 있다고 했다. 그는 끝까지 가장으로서의 책임을 놓지 않고 아이들을 위해 더 열심히 살 생각이라고 말했다.

나는 나의 편지 몇 장이 그를 일으켜 세우는 데 힘이 됐다는 말에 힘을 얻었고 그의 앞길이 더 아름다울 것을 믿는다는 말로 전화를 끊었다.

진정으로 그의 앞날은 아름다울 것이기에 말이다. 아내의 모진 선택에도 그는 아내를 원망하기보다는 헤어짐 앞에서도 아빠로서 가장으로서의 책임을 내려놓지 않았다. 그런 그에게 내가 무슨 해 줄 말이 있을 것인가. 이미 너무나 완벽한 남자이기에 나는 그저 멀리서 응원을 보낼 뿐이다.

"아이들까지 먼 타국으로 데려간다는 사실은 너무나 가슴 아픈 현실이지만, 그래도 아이들이 좋은 교육을 받을 수 있다면 유학을 보내는 마음으로 아이들의 건승을 빌어 주세요. 그리고 아이들과의 만남을 포기하셔서는 안 됩니다. 아빠를 사랑하는 아이들 마음을 막을 수는 없을 거예요. 그러니 아이들 사랑하는 일에는 끈을 놓지 마시길 권하고 싶습니다."

- I가 보낸 글 중에서

case 2) 고민할 필요 없는 이혼 이야기

내가 제목을 써 놓고도 그냥 피식 웃음이 나온다. '고민할 필요 없는 이혼'이라는 제목이 너무 적절해서 말이다. 나는 가끔 이혼이 실패인 듯 생각하고 고백해야 하는 어떤 숨겨진 사연이 되어서 살아야 하는 이 사회의 정서가 정말 맘에 안 든다.

하지만 이번 챕터의 남편은 바람을 습관적으로 피고, 아내를 늘 속이며 생활하고 있다. 또한 생활비를 가져다주지 않고 더불어 밤늦은 시간에나 귀가하고 여자들을 바꿔 가며 외도를 생활화 하며 살아간다. 이런 배우자와 이혼이라는 단어가 두려워서 결혼생활을 이어 가는 것이 과연 필요한지 묻고 싶어진다.

나는 이혼을 좋아하지 않는다. 특히 마흔이 넘어 하는 이혼은 남자 인생에서 하면 안 되는 세 가지 중 한 가지로 꼽힐 만큼 남자들에겐 쥐약 같은 일이다. 그러나 여자의 마흔의 이혼도 좋은 것만은 아니다. 아이가 둘 정도 있는 이혼녀의 경우 삶은 팍팍해진다. 양육비를 받을 수 있을지 없을지 모르는 대한민국의 법적문제도 클 뿐 아니라, 사랑받고 보살핌 받고 싶은 여자로서의 삶보다는 돈을 버는 것에 급급해져야 한다. 또한 아이들까지 챙겨야 하는 완벽주의에 갇혀서 삶을 살아가야 해서다. 그러니 다시 사랑하고 싶은 삶을 꿈꾸기엔 너무나 막막한 삶이 돼 버리고 만다. 혹여 사랑을 시작한다고 해서 내 삶을 다시 맡기거나 경제적으로 독립되지 않은 상태에서 내 아이들을 받아 주는 사람과 재혼하기란 하늘에 별 따기이다. 더불어 결혼이 된다고 해도 내 아이들을 다른 사람의 아이들과 다른 남자와 함께 양육해 간다는 것은 속이 뒤집어져야 하는 상황이 수도 없이 생길 위험이 크다. 그러니 재혼이란 꿈도 먼 이야기일 뿐 정말 홀로 서서 영화 속 히어로만큼이나 큰일을 해야 하는 무게감에 놓이게 된다.

사실 이혼이라는 것이 실패이거나, 숨겨야 하는 일은 아니다. 또한 더는 그러해서도 안 된다. 왜냐면 심리적으로까지 피폐해지면 안 되기에 말이다. 하지만 이혼 후 힘든 일들이 따라온다는 점은 인정할 수밖에 없다. 그래서 이혼이 두렵다는 여러 독자들의 힘겨움을 인정하지만 그래도, 이혼보다 못한 결혼생활을 지지할 수는 없다. 이혼이 결혼보다 나은 선택일 경우는 반드시 존재한다. 나는 이혼을 반대하는 상담가로서 이야기하지만, 이혼이 답인 경우는 분명 존재한다.

이혼이 나쁜 단어인 것처럼, 나쁜 의미만을 담고 있는 듯이 내게 편지를 써 오지만 나는 분명히 안다. 이런 사연의 경우는 분명 이혼이라는 제도가 또 다른 기회를 주는 것임을 말이다.

[J의 전체 소식]

세포언니 상담받고 싶어요.(남편 외도)
결혼 5년 차고요, 아이는 없어요. 30대 후반 남편하고는 동갑이에요. 연애 3년 정도 하고 결혼했어요. 약 세 달 전에 남편 핸드폰을 보기 전까지는 아무런 낌새를 못 챘었어요. 평소 남편이 핸드폰을 목숨처럼 사수해요. 그런데 그날은 잠그지 않고 자는 바람에 보게 되었죠. 근 10개월 동안 다른 여자들 만났더군요. 작년 말 올해 초부터 채팅 앱으로 여자들을 만나는 걸 알게 됐어요.
근 1년 바람을 피면서 저한테는 사업으로 바쁘다고 말했죠. 그런데 그 사업은 이미 세 달 만에 접었더군요. 예전처럼 직장 다니면서 저한테는 사업으로 너무 바쁘다며 살았던 거죠. 사업이 힘들어서 대리운전을 하고 있다고 했는데 그 말도 거짓말이었어요. 사업이 힘들다며 생활비도 몇 십만 원씩만 집에 줬죠. 그런데 직장을 구해 월급으로 900만 원에서 1500만 원까지도 벌었던 거죠. 그런데 한 달에 몇 십 만원만 생활비를 준

거죠. 모든 것이 거짓말인 거죠.

그리고 이번에 걸리고 나서도 처음에는 묵묵부답이더니, 나중에서야 미안하다고 했어요. 하지만 말뿐이 사과였다고 생각이 됩니다. 제가 공인인증서 달라, 핸드폰 비번 공개해라, 등등 요구했거든요. 공인인증서는 죽어도 못 준다. 그러나 거래내역은 보여 달라면 보여 준다면서 싸웠어요. 공인인증서인지 이혼인지 싸움을 했지만, 결국 제가 양보했어요. 이번엔 바람을 들킨 후에는 핸드폰 비번을 못 알려 준다더군요. 핸드폰 비번을 안 알려 주면 이혼한다고 했지만 그래도 못 알려 준다고 합니다.

지금은 한집에서 남남처럼 살아요. 다른 분들은 아이 때문에 못 헤어진다지만, 저희는 아이가 없어요. 생활력이 없어서 못 헤어진다는 분들도 이해가 가요. 경제적 부분은 굉장히 중요하니까요. 하지만 저는 직장도 있어서 혼자 먹고 살아요. 저는 미련 때문에 못 헤어지는 것 같아요. 그 미련이 사랑에 대한 미련이기보다는 결혼생활이 주는 안정감, 익숙함에서 벗어나는 것이 두려운 것 같아요.

평생 혼자 살 자신은 없는데 이혼하고 다시 남자 만나려고 노력해야 하고, 이 남자 저 남자 다시 누가 나을까 생각해야 하고 모든 것이 두려워요. 그리고 저희 부부는 섹스 리스에요. 몇 달에 한 번도 겨우 했어요. 연애 때는 안 그랬는데 결혼하고 나서 남편이 성욕이 확 없어져서 그런가 보다 했었습니다.

그런데 밖에서 바람을 피우고 있었다는 걸 이제야 알았어요. 남편에 대한 배신감에 치가 떨립니다. 그리고 그 이후 태도도

> 말만 미안하다고 하지 제가 요구하는 행동 변화는 없습니다. 그럼에도 불구하고 저는 남편에 대한 정, 미련이 남아서 그래도 살고 싶은데 제게는 명분이 없어요.(아이, 경제력 등) 핸드폰 비번 공개 하라는 것도 안 하고, 생활비도 몇 십만 원에 이렇게 살아야 할지 모르겠습니다. 이혼해야 한다고 생각이 들지만, 이혼이 두렵습니다. 차라리 아이 때문에 안 된다, 경제력 없어서 안 된다, 이런 이유라도 있으면 좋겠어요. 아이도 없고 경제력도 있는데 시원하게 못 헤어지는, 제가 바보 같고 싫습니다.

나는 지금 그녀를 도울 것이 없다. 그냥 이런 사연을 읽고 있자면 나는 나도 모르게 차분해진다. 나라도 냉정해져야 한다고 생각이 드는가 보다. 나라도 냉정해지지 않으면 이런 사연의 분들을 도울 수 없다는 생각이 드는 것이리라 짐작된다. 그래서 이런 사연들에게는 나는 답변을 짧게 쓴다. 나는 도울 것이 없노라고 말이다. 혼자 서겠다는 결심이 선다면 내게 혼자 상담을 와 달라는 마지막 글로 끝을 맺는다. 나는 이 사연의 몇 가지 오류를 잡아 가며 이 사연자의 글에 답을 하려고 한다. 사연자 H의 사연은 안타깝지만, 그 안타까움을 자초하고 지속적으로 끌고 가고 있는 것은 사연자 본인일 뿐 아무도 그녀를 그곳에 있으라고 하는 이는 없다. 그러니 지금 놓인 상황은 오롯이 그녀의 선택이기에 그 누구도 도울 수가 없다.

우선 그녀는 남편의 공인인증서로 싸울 때 괴로웠다. 이어 공인인증서 때문에 이혼한다는 사실이 말이 안 되어서 그냥 덮기로 했다고 했다. 그런데 이제는 핸드폰 비밀번호로 괴롭게 만들고 있는 남편 이야기를 한다. 나는 그녀가 왜 남편의 공인인증서로 괴로웠는지는 차라리 이해가 갔지만 비밀번호로 또다시 그만큼 괴롭다는 것에서 그녀의 잘못된 아집이 안타까웠다. 공인인증서를 보겠다는 것은 그 가정의 가계를 책임져야 하는 아내로서 생활을 꾸려 가야 하니 마땅하다. 그리고 가정의 미래를 준비해야 하니 차라리 싸울 일이 맞다. 하지만 그걸로는 이혼하기 좀 그렇다는 그녀의 말이 이해가 간다. 하지만 핸드폰 비번으로 또다시 이혼을 하니 마니 싸워서 괴롭다는 그녀의 말은 그냥 질투가 나서 힘들다는 마음일 뿐 가정을 유지하고 안 하고의 문제는 아니라는 생각이 들었다. 왜냐면 공인인증서에 비해 휴대폰 비밀번호는 부부싸움을 하기에 미약한 부분이라고 생각해서이다.

J는 남편이 바람을 피우고 있는 것을 알고 있다. 채팅 앱을 통해 여자들을 바꿔 가며 만나지만 한 여자만을 만나는 것은 아니라는 부분에 안도하는 그녀의 글귀를 보면서 그녀는 그저 그 남자의 사랑이 필요하다고 떼쓰는 것으로 보였다. 문제를 해결하고자 하는 것이 아니라 그 남자가 한 여자를 사랑해서 만나는 것은 아니라고 변명해 주고 있다. J는 남편의 잦은 바람이 병이라는 점을 알아야 한다. 그런데 지금 J는 근본적인 문제가 무엇인지 알고, 그 문제의 해결에 초점을 맞추는 것이 아니다. 남편의 진심이 무언지 알아야 하고, 그 남자의 진실에 다가가는 것이 먼저라고 생각하는 점이 문제라는 생각이 든다. 그 남자는 진심이라는 단어는 없다. 진실이라는 것을 배우지도 못했다. 그 남자의 유년 시절에 대한 이야기는 전혀 나와 있지 않은 사연이었지만, 듣지 않아도 그가 정상적인 가정에서 자라지 않았다 정도는 알 수 있었다. 그는 아마도 학대 속에서 자랐거나 또는 전혀 책임감 없는 아버지와 소리 지르는 것 외에는 아무것도 할 수

없는 남편의 폭력을 참고 살아가는 어머니의 손에서 자랐을 확률이 높다. 그러니 아버지의 무책임함을 배우고 언제 화낼지 모르는 엄마 밑에서 그저 혼나지 않으려고 눈치 보며, 집이 괴롭기만 한 심정으로 자랐을 것이다. 그런 사람을 스스로 화내고 소리치고 이혼으로 협박해서 고쳐질 거라고 생각하고 속이 터져 죽겠노라 하고 있는 그녀에게 나는 해 줄 말이 없노라고 답을 보냈다.

그저 홀로 설 수 있겠으면, 스스로 결정을 내리면 찾아오면 도와주겠다는 말 외에 해 줄 수 있는 말이 없었기에 말이다. 그녀는 사연 속에서 자주 "하라는 대로 안 한다" 또는 "고치려고 안 한다", "바뀌려고 안 한다"라는 표현을 쓰는데, 나 외에 타인이 그것도 30년, 40년 가까이 따로 살아온 누군가가 내가 하라는 대로 갑자기 삶의 태도가 변화될 거라고 기대하는 그녀가 나는 답답하기 그지없었다. 그녀의 애끓음이 전해지는데도 나는 늘 깊이 공감되고 가슴이 같이 아팠던 사연들과는 다르게 웃음이 났다.

아이도 없고, 속이고, 돈도 안 가져다준다고 하고, 습관적으로 여러 여자를 만나며 성병에 걸려 들어오는 결혼 3년차의 남편과 결혼이라는 안정감 때문에 못 헤어지겠다는 그녀에게 내가 무슨 말을 할 수 있을까? 이건 내 능력 밖의 일이고 그저 하나님, 부처님 영역의 일에 내가 무슨 말을 해야 할지 몰라서, 나는 나 스스로에게 웃고 있는 건지도 모르겠단 생각이 든다.

저런 결혼생활에 안정감(?)이 있다는 게 이상하다. 저런 결혼에서 결혼의 안정감을 찾는다니, 그녀가 위대하다 못해 존경스럽다. 저 안에는 안정감 같은 것은 '1도 없어'라는 노래 제목 같은 상황이 아닌가. 그런데 결혼이라는 안정감과 헤어지고 나면 또 남자를 만나야 하니, 그 과정도 싫고 이 남자 저 남자가 나은지 골라야 하는 새로운 시간이 싫다니 내가 무엇을 도울 수 있다는 말인지 난 모르겠다. 이혼을 한 후 나는 분명히 급히 이성을 만나서는 안 된다는 방송을 여러 번 했다. 이성을 반드시 만나야 하는 것이 아니다. 물론 내 말이 다 '맞다'는 것은 아니지만, 인생이란 것은 내가 어떻게 어떤 세상으로 정의 내려 살아갈 것인가가 중요한 것이지, 꼭 누군가와 함께여야 하는 것이 아니다. 그런데 왜 저런 고민을 하고 있는 건지, 내가 건너 생각해 보아도 꼭 누군가와 함께여야 한다는 그녀가 큰 문제로 보일 뿐 그 외에는 문제인 것이 없어 보였다.

저런 결혼생활은 결혼생활이기보다는, 전쟁보다도 명분이 없는 쓸데없는 광대놀음보다 못하지 않은가 말이다. 나의 독설이 그녀에게 독이 아닌 약이 되어 그녀가 바로 설 수 있기를 간절히 바랄 뿐이다. 그녀는 지금 폭탄을 안고 서 있을 뿐, 그 폭탄을 우선 던져 버리고, 어디서 그 폭발물이 터지든 말든 신경을 끄면 된다. 지금 바로 용기 내어 발을 빼서 나오면 그녀는 그 지옥에서 나올 수 있다. 그리고 다시 그 누군가를 만나야 하는 일이 귀찮음이나 힘겨움이 아니라, 그녀에게 새로운 기회가 주어지는 것이라는 것이라고 생각의 전환을 하면 된다. 그리고 다시 시작할 수 있는 환상적인 시간이 올 수도 있다는 꿈을 꾸어도 된다. 나는 그녀가 이혼이라는 제도가 실패가 아닌 새로운 시작일 수 있다는 것으로 받아들여 주길 간절히 바란다. 반드시 다시 행복해질 수 있다는 점을 잊지 말고 말이다.

case 3) 한 남자의 슬픈 꿈으로 남은 이혼

이 시대의 50대 가장, 열심히 살다 보니 어느새 혼자 남겨져 있는 본인을 발견하고 마는 나이. 그저 열심히 살았을 뿐이다. 뒤돌아볼 시간도 없었고 회사에서는 동료들과 전쟁을 치르는 마음으로 경쟁 속에 살아왔다. 누구보다 처자식을 잘 먹이고, 잘 입히고 싶어서다. 그러던 시간 속에서 술을 마시고 늦기도 하고, 아내의 애를 먹인 적도 있지만, 그래도 그 어느 것 하나에도 부끄럼 없다 자부하는 삶이었다.

그러던 어느 날 아내는 이혼을 요구해 온다. 이혼 사유는 그냥 50이 된 내가 싫다는 이유이다. 그럼 나는 왜 살아왔는지조차 황망해지는 시간이 다가온 것이다.

아내는 어떤 노력도 안 하겠다고 한다. 이미 결정했고, 이제는 혼자서도 잘 먹고 잘 살 수 있으니, 헤어지자고 하는 사람이 내가 믿고 의지하던 내 편이라 믿던 단 한 사람, 아내이다. 이 남자는 어디로 가야 할지 모르겠다고 말한다.

이 남자가 어디로 가야 할까? 여러분은 어떻게 답을 할지 모르겠다. 나 또한 측은함이 가득해서 한동안은 무어라 말 할 수 없었다. 그리고 그의 트라우마 속으로 들어가서 그가 힘든 이유를 찾아내고 그가 어떻게 해야 할지를 나누기로 결정했다.

그는 이제 버려지는 자에서 홀로 서는 자로 성장해야 할 때이다. 그는 이제 더 이상 자신의 삶이 그들을 위해 살았기 때문에 그들이 나를 떠나서는 안 된다고 말하고 있을 시간이 없다. 그도 이젠 행복할 권리를 찾아야 한다.

그런데 아내가 떠나니, 행복할 수 없는 것 아니냐고 소리친다고 해서 이미 마음을 정한 아내가 다시 돌아오진 않는다. 왜냐면 그녀는 이미 다른 남자가 있을 확률이 너무나 높았다. 이혼 사유가 되지 않는 이유로 이혼을 요구할 때는 다시 그 사람 곁으로 돌아오는 경우는 흔치 않다. 그렇다면 그도 이제는 아내나 가정이라는 허울뿐인 곳에서 나와 진정한 자신의 삶을 살아 볼 기회로 여겨야 한다. 그 외엔 그가 그를 다 잡을 수 있는 방법은 없다.

사람의 느낌은 생각에서 비롯된다. 그러니 그가 버림받았다고 느끼면 슬프지만, 내가 이제는 홀로 서기를 통해 나만을 위한 삶을 살 기회가 왔다고 생각한다면 슬프기보단 무언가 결심이 서고 그 결심 앞에서 더 강해질 것이기 때문이다.

이 시대의 50대 가장들에게 이 사연을 전하면, 그들이 이런 일을 겪을 때 절망보다는 희망으로 다시 삶을 열어 가길 바란다.

[K의 전체 소식]

이혼위기 극복 도움 요청.
저는 50대 초반의 직장인 남성이며 와이프와 20년간 결혼생활을 하고 있고요. 저의 와이프는 40대 후반입니다. 남자 아기가 1명 있는데 이번에 대학에 합격해서 서울로 가게 되었습니다. 저희는 주말부부로 생활하고 있습니다. 가난한 환경을 이야기 하지 않고 결혼한 것과 신혼 초에 술을 자주 마신 것을 시발점으로 성격 차이, 시어머니 문제 등으로 자주 다투었으나 크게 그것이 문제가 되어 이혼을 하자고는 않았습니다. 그러다가 2년 전에 제가 회사업무 때문에 미국에 2년간 파견근무를 나가게 되어 자주 집에 전화를 하였는데 집사람이 예전에 해외 장기파견 갔을 때처럼 저의 전화를 받아 주지도 않고 해서 전화 및 톡으로 크게 다투었습니다.

그 후 올 하반기부터 자주 다툼이 생겼고 처음으로 제가 집사람에게 화를 심하게 내서 집사람은 그동안 참아 왔는데 더 이상은 못 참겠다고 이혼을 요구하고 있습니다. 집사람은 처갓집 식구들에게 이혼을 한다고 이야기한 상태이고요. 처갓집 식구들 모두 저를 만나 주지 않고 있습니다. 특히 처제가 이혼하라고 부추기고 있습니다. 장인 장모님들은 연세도 있으셔서 너희 일이니까 알아서 하라는 주의로 외면하고 있습니다. 얼마 전에는 이 지역 부부 전문가와 상담도 받았으나 크게 도움을 얻지는 못하였습니다. 처가 각자 받기를 원하여 각자 상담을 받았는데, 처는 한 번, 저는 여섯 번을 받았습니다. 상담사분께서 장기간 쌓여서 터진 이혼요구는 극복이 어렵다는 이야기만 하셨고 제가 변해야 한다고 하면서 집에 가지 말고 혼자서 살아 보라고 해서 약 2달간 별거도 하였습니다. 집사람은 아이 수능이 끝나고 만나자고 해서 만나서 이야기를 하였으나 집사람은 제가 변하지 않았고 또 스트레스를 줄 것이 분명하기 때문에 이혼을 하여야 한다고 합니다. 집사람은 아이 수능, 불면증, 우울증 등으로 정신과 약을 먹고 있으며 저 또한 많은 회사 업무로 우울증 약을 복용하고 있는 상태입니다.

집사람은 이제 자기만을 위해서 살고 싶고 이혼으로 경제적 빈곤이 와도 자기가 겪고 있는 아픔과는 비교가 안 되며 극복할 수 있다고 합니다. 제가 가정은 지켜져야 된다고 하며 이혼을 반대하자 이혼했다가 재결합하면 되는 거 아니냐고 합니다. 저는 가정을 깨트려 아이에게 상처를 주고 싶지 않고 또한 저도 와이프와 이혼해서 정신적, 경제적으로 고통을 받고 싶지 않습니다. 저는 정말 이혼해서 가정을 깨트리고 싶지 않습니다.

사연자 K는 결혼생활 내내 해외 생활이 잦았다. 그 가운데 이제 겨우 한국으로 돌아와서 자리를 잡는 순간, 아내는 오랜 생활 끝에 '지쳤노라'라는 말과 함께 아이와의 관계를 차단하고, K에게 이혼을 요구했다. 이 부부는 단 한 번의 대면상담이 있었다. 하지만 그의 아내는 이미 이혼에 대한 마음이 확고했고, 더는 상담을 이어 가지 않았다. 남편을 바라보는 눈빛은 차마 말로 표현하기 어려울 만큼 적대적이었다. 보통 아무리 배우자가 싫더라도 저렇게까지 적대적인 눈빛으로 상대를 바라보는 것은 이미 다른 사람이 있는 경우가 대부분이다. 그러니 나도 더는 두 사람의 관계에서 희망을 보기보다는 아이와 아빠를 단절시키려는 아내의 의지를 내려놓는 것에 초점을 두고 아이의 정신 건강에 대해 이야기하는 쪽으로 상담을 이어 갔다. 하지만 K의 아내는 절대 아이를 보여 주지 않겠다고 했다. 아이는 이미 성인인데, 성인이 된 아이를 아빠와 단절시켜 평생 상대하지 않도록 하려는 그녀가 나는 이해할 수 없었다. 그게 단지 본인이 남편에 대해 질리고 싶어서라고 하기에는 너무 잔인했다.

그들의 아이는 아빠를 사랑하고 그리워하는 아들이었다. 그러니 엄마의 관계단절 요구를 들을 수밖에 없는 아이는 두려움으로 가득 찬 생활을 하고 있다는 걸 느낄 수 있었다. 그럼에도 불구하고 K의 아내는 아들을 볼 수 있는 권리마저 뺏어 가고 있었다.

쉰이 넘은 나이에 머지않아 퇴직을 해야 하는 K는 어린 시절 가난했던 기억 속에서 아직도 나오지 못한, 다섯 살에 아빠의 죽음을 마주했던 어린 아이로 남아 있는 남자였다.

그러니 그는 퇴직 후 먹고살아야 하는 생활고를 마주할 것 같은 두려움과 또 혼자 남겨져야 하는 고통 속에 울었다. 그는 여전히 아빠를 잃어버리고 엄마와 남겨진 어린 여동생을 책임져야 하는 작은 남자아이로서 아직도 살아가고 있던 것이다.

이 모든 것을 이해시키고, 남편의 공포를 아내에게 전했지만, 아내는 이미 딴 나라사람처럼 내 말을 튕겨 냈다. 나는 그 뒤로 K의 홀로 서기에 집중해서 상담을 진행해 갔고 그가 더는 아빠 잃은 다섯 살 아이가 아님을 알게 하는 것에 집중했다.

K는 편지에서 경제적 빈곤을 겪고 싶지 않다는 말을 자주 사용했다. 그런데 아내는 경제적 빈곤도 이겨 내겠다고 말을 한다. 이는 둘의 어린 시절의 성장배경이 정반대였음을 보여 주는 것인데, K는 경제적으로 너무나 힘겹게 살아왔으며, K의 아내는 경제적으로 어려움 없이 자란 터라 두 사람이 이혼 후 놓이는 경제적 상황을 대하는 태도나 그것을 결정하는 것에서 차이가 컸다. 그리고 K는 아내가 전화를 안 받아 주거나, 문자에 답이 없거나 하는 것을 못 견뎌 했는데 이는 아빠를 잃고 엄마뿐이었던 어린 시절 엄마가 K를 두고 일을 하던 시간에 시설에 맡겨져서 컸던 시절의 두려움을 그렇게 씻어 내야 했기 때문이리라 짐작된다. K는 아내를 괴롭

게 했다. 자신의 트라우마를 다 받아 주어야 했던 아내의 힘겨움을 이해하지는 못했다. 그러니 K의 끝없는 응석이 그의 아내를 평생 힘겹게 했을 거란 것을 나는 이해했다. 그러니 K의 아내의 이혼 요구도 어쩌면 당연할지도 모른다. K를 혼자 키우던 어머니는 한없이 그가 가엾고 자식이니 그의 응석을 받아도 한없이 가슴이 쓰리고 더 사랑해 주었을 것이지만, K의 아내는 K의 엄마가 아니다.

나는 K가 홀로 서기를 완전히 해낼 때, 가정이 다시 재건되어도 행복할 수 있다고 생각한다. 그렇지 않은 상태에서는 서로를 미워하거나 쫓거나, 아가거나 하는 외로움과 외면의 시간들이 있을 뿐 가정으로서의 역할을 하며 살아가기 어렵다.

내가 함께하고 싶은 것과 상대방이 함께하고 싶지 않은 마음은 둘 다 존중되어야 한다고 생각한다. 만약 K의 아내가 다른 남자를 만나고 있어서 K와 이혼을 원하는 것이어도, 마땅한 절차와 위자료 또는 책임을 진 상태에서 끝을 맺으면 된다.

하지만 K의 아내는 그토록 증오스럽게 남편을 바라보면서도 자신이 누가 생긴 것이 아니라고 한다. 그 눈빛에는 이미 다른 사람이 있는 걸로 보이는 나는 차라리 내가 생각하는 것이 오해이길 바랐다. 그러나 아내가 바람이 난 것이든 아니든 간에 그녀는 아무 유책사유가 없는 남편을 그것도 버림받는 것이 그토록 괴로운 남편, 세상천지 핏줄 하나 없는 그 남자를 하나뿐인 핏줄과도 끊어 놓고 자신은 자신의 삶을 살겠노라고 주장한다. 나는 그 점이 K의 아내에게 가장 화가 났다.

이혼은 할 수 있다. 그러니 이혼이란 제도가 있는 것이리라. '이혼이 나쁘다, 옳다' 또는 '실패다, 아니다'로 가늠해서는 안 되는 일임은 분명하다.

그러나 천륜을 끊어 놓으면서까지 그래도 25년 함께 살아온 남편을 철저히 고립시키면서까지 잔인하게 하는 이혼은 옳지 않다. 하지만 나는 K에게 이혼은 완전해지는 길임을 알게 해 주고 싶었다. 그러니 그가 이제는 아빠가 돌아가시고 시설에 맡겨진 다섯 살 아이가 아님을 알기를 도우려 했고, 서서히 그는 일어섰다. K는 그렇게 홀로 서는 것이 버려지는 것이 아니라 완벽해짐을 알아가고 있다. 그렇게 시작한 상담은 아들과의 관계를 좁혀 가는 것에도 집중을 했다. 그에게 아들과 메일을 주고받도록 권했다. 그렇게 K는 아들과 편지로 마음을 전하고 지내고 있다.

case 4) 영원한 불륜으로 남아 버린 42년의 결혼(feat. 인과응보)

유책 배우자들이 가장 많이 하는 행동 중 하나는 가출이다. 그들은 그 문제에서 도망칠 방법을 선택할 때 변명하거나 화를 내거나 또는 가출을 한다. 물론 세 가지를 다 하는 경우가 제일 많다. 변명하고 화를 내다가 그 문제가 도저히 자신의 잘못이 아니라는 것을 증명할 수 없거나, 스스로 절대 뉘우치지 않는 이들의 마지막 선택은 가출이다. 그런데 이 유책 배우자의 가출에서 우리는 순간 더 깊은 절망에 빠지고 만다. 무언가 이야기를 하고 사과를 받아야 하는 것은 나인데, 그 사과를 해야 하는 대상이 집을 나가고 나면 더는 관계를 회복시킬 수 없기 때문이다. 여기서 말하는 회복이란 사과 받고 위로 받고 싶은 마음을 다잡는 것이다. 그런데 유책 배우자가 가출을 하고 나면 가정을 지키고자 싸운 일이 더 가정을 파괴하는 상황으로 몰아간 게 아닐까라는 자책이 시작되기 때문이다.

하지만, 이것이 진실이 아니라는 것을 지금부터 사연들을 통해 이야기 하려고 한다. 유책 배우자들의 가출은 대부분 비겁하기 때문이다. 그 유책 배우자는 그 잘못을 책임질 만큼 강하지 못하다. 그래서 그들이 도망치는 것이고, 그 회피를 끝없이 이어 갈 때 가정은 깨지고 말기 때문이다. 우리는 가정을 지키기 위해 싸우려는 것이고 집으로 돌아오게 해야 가정이 재건될 것이라는 불안함에 휩싸이고 집을 나간 배우자에게 빌거나 또는 가서 데려오고는 그 반복되는 가출에 또 절망하고 만다. 그리고는 또 다시 절망하고 빌고를 반복하다 우울함에 빠지게 되며 그런 날들이 지난 후에는 날 향한 존중은 저만치 먼 곳으로 던져 버리고 만다.

가출한 배우자에게 먼저 연락을 하지 않는 것은 가출을 한 배우자를 대하는 첫 번째 태도이다. 먼저 가서 데려오는 경우는 없어야 한다. 그 순간 그 배우자는 잘못을 빌어야 한다고 요구한다. 그 잘못을 빌어서 가정이 재건될 거라고 믿는 피해 입은 배우자는 빌고 또 빌어 가며 세월을 보내고 그 안에 다시 유책 배우자는 잘못을 뉘우치기보단 그래도 된다는 자만심만 강해질 것이기 때문이다.

이 말이 절대적으로 옳다는 것은 아니다. 내가 보아 온 가출한 부부들의 사연이 결국은 가출의 반복으로 이어지는 점을 생각할 때 내가 내린 결론일 뿐이긴 하지만, 우선 집을 나갔다는 것은 져야 할 책임을 저버린 또 다른 행위이기에 잘못을 집을 나간 사람에게 있다는 사실만은 명백하다. 그러니 그 잘못을 저지른 이가 스스로 뉘우치고 돌아오지 않는 한 그 행동이 반복될 것이라는 것 또한 명확하다.

그러니 집을 나간 배우자에게 계속해서 사과하고 데려오는 것은 그 일을 평생 반복할 자신이 있을 때만 하면 좋겠다. 집을 나간 배우자를 대하는 첫 번째가 먼저 연락을 하지 말고 스스로 잘못을 인지하기를 기다려는 주는 것이요, 두 번째가 그럼에도 불구하고 그나 그녀가 걱정이 된다면 답장을 하든 안 하든 간에 시간을 좀 주고, 간격을 두고 인사 정도만 먼저 하는 정도이길 바란다. 그저 '내가 너에게 기회를 주고 있노라'라는 신호 정도로 보내는 것이니만큼 일방적인 소통이 되더라도 답을 기다리지 말자. 그저 인사를 나누는 정도로 스스로 가정의 소중함을 알게 될 때까지 시간을 주어 보는 것이 가장 좋은 방법이라 말하고 싶다.

[L의 첫 번째 소식]

저는 60대 후반이고 제 남편은 80세 초반입니다. 결혼생활 42년차고요. 저와 싸우고 제 남편이 집 나간 지 8개월 됩니다. 어느 주말 부부 골프를 마치고 차로 이동 중에 남편의 차 속 블루투스로 어느 한 여자로부터 전화가 왔습니다. "공 잘 쳤어요?" 라고 하는 어느 여자 목소리가 나왔습니다. 나는 그 여자 목소리는 듣는 순간, 요 몇 달 동안 이상한 행동을 보여 준 남편, 이유가 '바로 이 여자였구나' 하고 생각이 들었습니다.

이 이유로 싸우고 9개월 별거하고 있는데, 분한 마음, 미운 마음 그리운 마음, 외로움 마음, 매일 고통의 미움으로 시간을 보내고 있습니다. 자존심 때문에 형제, 친구, 지인이나 의논하기가 어려웠습니다. 혼자서 고통을 참고 요가, 골프, 라운딩, 요리 공부로 시간을 보내고 버티고 있습니다. 제가 20대에 남편을 만나서 17년 나이 차이도 극복하고 남편의 사랑을 받으면서 살아왔습니다. 그런데 지금으로부터 약 20년 전에 남편 사업이 해외에서 망해서 우리는 서울로 이사 와서 사업을 했습니다. 우리는 해외에서 살다가 한국에 사업하러 왔습니다. 그래서 저도 남편 회사에 출근해서 죽기 살기로 일을 했고요. 오직 회사가 성공하면 된다는 생각으로 중국에 가서 생산 공장도 만들고, 중국 공장 직원들도 죽기 살기로 키웠고, 회사 미래를 위한 공장 시스템도 다 만들어 놓았습니다. 그러던 2012년 해외공장에서 제품생산라인이 안정이 되고 해서, 이제는 내 큰 고생이 끝났다고 생각을 했습니다.

그런데 어느 날 사소한 일로 싸웠는데 제가 현관 비밀번호를 바꿔 버리니, 남편이 집을 나가고, 밖에서 아파트를 임대해 버렸습니다. 저는 크게 쇼크를 받아서 그 당시는 잠도 못 자고 밥도 못 먹고 정서적으로 너무 불안해서 2시간씩 자다가 깨는 불면으로 인해 내내 고통이었습니다. 전 남편이 옆에 없으면 정서적으로 너무 불안해서 견디기가 어려웠습니다. 온몸과 마음이 아팠습니다. 그래서 신경정신과에 몇 개월간 입원도 했다가 퇴원했습니다. 퇴원 후 저는 내 남편에게 제가 잘못했다고 빌고 남편을 집으로 데리고 들어왔습니다. 그 이후에도 서너 번 싸움으로 집을 나가고 두 달 후면 제가 다시 데려오는 것이 반복이었습니다. 하지만 이번 싸움은 용서하지 않고 끝내 버리겠다고 결심을 했는데 이 또한 외로움의 고통이네요.

나는 이 글을 통해 그녀가 어떻게 지내는지 알 수 있었고 그때야 그녀에게 어떤 해결책이든 제시를 할 수 있었기에 다시 한번 그녀에게 물어야 하는 것들이 있었다. L의 남편이 여자 문제로 집을 나간 것이 그 여자와 살기 위한 것인지 궁금했다.

그리고 진짜 문제는 L 본인의 문제, L이 가진 내면의 분리 불안의 문제이지 꼭 남편의 가출이 문제인 것 같지는 않고 남편이 옆에 있는 것이 가장 중요시된다는 것이 문제로 보였다. L의 분리 불안은 남편에게만 한정된 불안은 아닐 것이 분명했다.

본격적으로 L이 이제 남편과의 문제를 어떻게 풀어 갈지 이야기를 시작해 보려고 한다. 우선 첫째, 첫 단추가 잘못 꿰어졌다. 젊은 시절 L의 남편이 처음 집을 나갔을 때 L이 찾아가서 모시다시피 들어온 것이 문제였다. 가출은 습관이다. 그래서 처음 집을 나갔을 때 가서 사과하고 데려오면 그 행동을 반복하게 된다. L는 지금 선택을 해야 했다. 가서 다시 빌고 들어오게 할 것인지 아니면 남편이 고령이어서 잘못된다고 해도 괜찮을지 결정해야 한다. 그 다음으로는 L의 불리불안을 치료하고 건강해져야 한다. 내 스스로 치료를 받고 내가 강해져서 잘사는 길을 선택해도 후회하지 않아야 한다. 인생은 선택의 연속이고 선택으로 삶의 방향을 바뀐다. 그래서 어떤 선택을 하던 뒤돌아보지 않을 자신이 있어야 삶을 빛나게 살아갈 수 있는 것이기에 말이다.

둘째, L의 남편이 꽤 고령으로 이제는 사실 언제 돌아가셔도 이상할 것이 없는 나이이니, '만약 남편 죽었다면?'이라고 생각해 보아야 한다. 그런데도 괴로워만 하고 살아갈 본인의 모습이 떠오를지 아니면 무엇부터 해서 잘 정리해서 더 열심히 행복하게 살아가야 할지 한번 곰곰이 생각해 보아야 하지 않을까. L의 남편은 이번에도 L이 빌지 않으면 돌아오지 않을 것이다. 그러니 그냥 사과하고 또 다시 데리고 돌아오는 것도 하나의 방법이다. 남편이 나이도 많고 혼자 지내고 있다면 건강에 좋을 리 없다. 그러니 이번에도 굽히고 들어온다고 해도 나쁜 일은 아니다. 그 여자 문제는 차차 정리해 가면 된다. 여자 문제에 대해서 많이 언급하지 않는 걸 보면, 여자 문제에 속이 많이 상하기보다는 우선 남편이 옆에 없는 것이 힘든 것으로 보인다. 그러니 풀어도 함께 있어서 푸는 쪽이 나은 방법은 아닐까 싶다.

셋째, 만약 사과하고 데리고 오고 싶지 않다면, 지금 같은 생활방식도 괜찮다. 그런데 그 생활 속에 행복을 느끼지 못하니 그 점이 문제다. 분리불안의 문제일 뿐이라면, 그것만 해결되면 어떤 재산상의 문제나 남편의 건강을 걱정하거나 그 여자와 만나는 것이 걱정되는 부분이 없다면 힘들지 않을 테니 말이다. 어딘가에서 누군가는 L를 사랑하고 있다. 그리고 염려하고 함께하고자 하는 사람들이 꼭 있다. 혼자가 아니 것이다. 그리고 혼자여도 괜찮다.

[L의 두 번째 소식]

1) 그 여자하고 현재 살고 있는지 안 살고 있는지 알아보지 않았습니다. 알아보려 하니 제자신이 비참한 생각이 들어서 알아보지 않았습니다.
2) 이번에도 제가 잘못했다고 빌고 다시 데려오려는 마음이 아직은 없습니다. 내 남편이 잘못을 했으니까 잘못한 사람이 빌고 들어와야 한다 생각입니다.
3) 저는 매일 남편이 그립다가도 그 여자 목소리를 생각하면

증오하고 남편 나이를 생각하면 걱정이 되다가도 증오하고 이런 힘든 마음의 반복이 9개월입니다.

4) 이제는 남편의 현재 상황을 알아보고 남편이 나에 대한 마음이 어디까지인지도 알아보고 싶습니다.

이번 메일을 읽으면서 많은 생각이 오갔다. 1번의 글과 2번의 글에 대해 공감하지만, 그 두 가지 글은 자존심과 깊은 관련이 있어 보여서, 과연 자존심보다 어떤 것이 더 중요할까라는 생각을 해 보시길 권하고자 한다.

그리고 3번의 항목도 1번과 2번의 생각과 같은 맥락의 의미인 것을 이해하시는 건지 알아야 한다. 왜냐면 1, 2와 3의 항목이 상충되는 점이다. 사과를 할 생각도 없고, 비참함 때문에 그 여자와 살고 있는지 알아볼 자신은 없으나, 남편의 마음은 이제 알고 싶다는 것, 그 세 가지가 같은 것인데, 3번만 확실히 하고 싶은 건 시기상조이다.

그리고 타인의 마음을 어떤 것으로 확인할 수 있을까? 나는 그 질문을 하고 싶다. 우선 1과 2의 마음에서 나와야 3번의 확인 후에도 L이 제대로 살아가실 수 있다. 그러니 '그 여자와 살고 있다면?'이라는 전제와 남편이 사과를 안 한다고 해도라는 전제로 어떻게 할지를 결정해 보고, 그 마음에 확답을 얻고 나서 3번을 확인하길 바란다. 어떤 상황이든 자신감을 잃지 마라. 남편이 그 여자와 잠시 바람을 폈다고 해도, 혹여 9개월을 살고 있다고 해도 L의 가치가 떨어지는 것은 아니다. 그러니 비참하다는 생각 같은 것은 아예 떠올리지도 말아야 한다. 그저 두 사람이 잘못하는 것일 뿐 L의 가치와는 아무 상관이 없다. 그저 깊숙이 진짜 내가 원하는 것이 무엇인지를 먼저 생각하자.

이렇게 L와 편지를 주고받은 후 얼마 지나지 않아 L이 내게 상담을 요청해 왔고, 그녀는 날 찾아왔다. 나는 그 상담을 통해 그녀가 벌을 받고 있다는 걸 알게 됐다. L이 받아 마땅한 벌이다. 그녀는 육십이 넘은 나이에도 빛이 날 정도로 아름다웠다고 표현하기에 적절했다. 이렇게 아름다운 아내를 두고 남편이 나가고, 그녀가 아무것도 할 수 없는 정도의 상태에 놓여 있다는 것이 이해하기 어려웠다. 지금도 누군가를 만나기에 너무나 충분해 보이는 외모였으며 자신감을 가진 여성 사업가였기에 말이다.

그날 상담으로 나는 L이 20세에 지금의 남편을 만났으며, 아름답던 그녀를 사랑하던 그는 유부남이었다는 이야기를 들었고, 그렇게 해외와 한국을 오가던 그가 L를 현지처로 두고 살다가 종국에는 아이 넷이 딸린 본처를 두고 그녀와 호적을 올리지 않은 채 사실혼 관계로 만 34년을 살아왔다는 이야기를 듣게 됐다.

L 남편의 본처는 지금도 생존해 있으며, 아이들이 다 성장해서 이제는 아버지 회사를 물려받게 되고, 그녀는 그 사업체에서 밀려 나야 했으며 더는 남편도 볼 수 없게 됐다고 했다. L는 그가 나간 것이 여자 문제라고 했지만 자세한 내막에는 L이 그의 전 재산을 가지고자 했고, 그의 자식을 낳지 못했던 그녀여서, 더불어 호적에도 올려지지 못한 그녀는 아무런 재산에 대한 주장할 수 없었던 사연이 있었다.

L의 남편은 그런 L의 재산에 대한 욕심에 지쳐서 집을 나갔다는 표현이 맞아 보였다. 그 남자의 사업체는 큰 아들과 세 아이들이 이제는 꾸려 가게 됐고, 현재 부인에게 돌아가지는 못해도 키우지 못한 아이들에게 사죄하고자 하는 그 남자의 죽기 전 행동이 둘의 불화를 일으켰다고 보면 된다. 나는 L이 그토록 아름다운 외모를 다른 여자의 삶을 망치는 일에 이용

한 것으로 보였다. 그런 생각이 드니 더는 그녀가 아름다워 보이지 않았다. 처참하게 남겨졌을 네 아이의 조강지처는 지금 L이 호소하는 고통과는 비교할 수 없이 아팠으리라. 그런데 지금 L이 내 앞에서 자신이 그의 본처인 것과 마찬가지인데 아무도 인정해 주지 않는다며 울고 있다. 나는 L의 34년이란 세월이 안타깝기는 했지만 L이 받아야 하는 벌을 받고 있는 그녀에게 내가 해 줄 수 있는 일은 없었다. L는 남편이 죽으면 장례식 자리를 본인이 지키고 싶을 뿐이라고 호소했지만, 난들 그걸 들어줄 수 있지도 않았고, 법적으로도 불가능한 일이였다. L는 진정 장례식장에서나마 정식 아내로서 인정받고 싶은 콤플렉스로 울고 있는 것일 뿐, 지나간 세월에 그녀가 상처 입힌 네 아이들을 홀로 키웠을 그 남자의 진짜 아내에 대한 죄책감 같은 것은 눈을 씻고 찾아봐도 없었다.

나는 그 뒤로 L의 상담을 받지 않았다. L이 내게 말하는 것 중 고통스럽다는 것만이 진짜일 뿐, 장례식장에서만 인정받으면 된다는 그녀의 마음속엔 그 남자의 재산이 결국은 그 남자의 자식들에게 거의 돌아간다는 사실, 그 남자가 그렇게 유언장을 써 놓은 점 등을 호소한 점을 볼 때, 단순히 아내로서 인정받고 싶다기보다는 사업을 일구는 데 자신의 노력이 들어갔으니 그 재산은 내 것 아니냐는 호소로 보였다.

그러니 내 상담이 무슨 소용이 있겠는가? 그녀의 마음속에는 돈에 대한 욕심만 있을 뿐 진짜 고통 같은 것은 없는데 말이다.

그래서 나는 삶이라는 것은 반드시 인과응보의 법칙이 따른다는 것을 새삼 깨닫게 되었다. 이 사연을 마지막 사연으로 다룬 이유는 한 가지이다. 이 책을 읽고 있는 가슴 아픈 현실 속에 놓인 여러분들이 상처 준 이들이 왜 지금 당장 벌을 받지 않는지 궁금해하는 이유를 이 사연으로 설명하고자 해서이다. 이 사연을 통해 상처 준 이들이 여러분들의 초침에 맞게 벌을 빨리 안 받는다고 가슴 졸이지 말아 주길 바란다. 결국 상처 준 이들이 영원히 행복할 일은 없다는 것을 알 수 있기에 충분한 사연이다. 그러니 그냥 지나간 일에 대한 것은 잊고 하늘이 벌주는 그날이 있으리라 믿고, 본인들의 삶에 집중하며 지금, 바로 여기에서 행복하기를 시작하기를 바랄 뿐이다. 눈부신 오늘, 나를 먼저 사랑하기에 적당한 오늘에 말이다.

"자신감을 잃지 마세요. 남편 분이 그 여자와 잠시 바람을 폈다고 해도, 혹여 9개월을 살고 있다고 해도 L 님의 가치가 떨어지는 것은 아닙니다. 그저 두 사람이 잘못하는 것일 뿐 L 님의 가치와는 아무 상관이 없습니다."

– L에게 보낸 글 중에서

(그녀가 상처 입힌 그 아내도 아무런 가치가 떨어지지 않은 채 네 아이들을 훌륭히 키워 냈고, 그렇게 이기지 않았는가.)

4

경제적인 독립과 정서적 안정을 위한 TIP

case 1) 경제적 독립에 다가가기

자, 이혼을 할지 안 할지 결정에 앞서, 이 글을 읽기 시작과 동시에 일을 하기로 마음먹은 독자 분들께 묻고 싶은 것이 있다.

'여러분은 근사한 일을 하고 싶으신 건가요?'

만약, 여러분이 예스가 됐든 노가 됐든 답을 하셨다면 그리고, 일을 하시려고 한다면, 그냥 눈에 띄는 일을 하시면 된다고 말하고 싶다. 그러면 늦게는 10년쯤 후, 빠르면 3년에서 4년쯤 후 그 일은 여러분에게 '근사한 일'이 되어 돌아올 테니까 말이다.

주변에서 쉽게 일을 시작하지 못하는 사람들의 모습에서 찾은 공통점이 있다. 그들은 한결같이 '근사한 일'을 하고 싶어 한다는 사실이다. 한때는 '근사한 일'을 했던 사람들일수록 더 근사한 일을 찾고 있었다.

"지금 내가 나가 봐야 뭘 하겠어? 마트 계산원밖에 더하겠어?" 오해는 마시라. 마트 계산하는 일이 어떻다는 게 아니라 이렇게 말하는 사람들이 있다는 것이다. "돈이라도 있어서 커피 전문점이라도 차리면 참 좋을 텐데" 이렇게 말하는 이들도 많다. 그럴 때마다 나는 이렇게 대답한다.

"근사하게 커피 전문점을 차린다고 해도 근사해지지 않을 거야!"

그들을 비난하고 싶어서가 아니라, 모든 일은 겉에서 보는 것보다 다들 근사하지 않기 때문이다. 가장 확실한 예를 나 자신의 경우에서 말할 수 있다.

나는 지금 컴퍼니 교육 컨설팅 회사를 운영하고 있다. 한마디로 멋지게 이야기 하자면 사업가다. 너무 멋지지 않은가? 여자로서의 일, 교육 사업. 정말 누가 들어도 멋진 일인 것 같은 일.(이 일을 하는 다른 분들은 나의 경우와 다르다. 그러니 나처럼 여성이면서 교육 사업을 하는 분들에 대한 폄하는 아니라는 점을 미리 말씀드린다.)

실상은 이렇다.

첫째, 모든 사업의 대표는 영업을 기본으로 한다. 그러니까 여러분들이 그토록 하기 싫어하는 영업사원의 일이 기본이고, 일을 수주하기 위해서는 90도로 인사하고 사과하기를 반복한다. 모든 영업을 하시는 분들이 겪는 고된 정신적 노동의 열 배쯤은 더 한다고 봐도 좋다.

둘째, 돈도 그다지 많이 벌지 않는다. 이건 정말 중요한 포인트이다. 회사를 다니면 때려치울 수라도 있지만, 회사를 운영하면서는 때려치우는 것도 너무나 힘들다. 그 이유는 그것에 따른 책임이 너무 많다는 것이다. 그래서 돈을 버는 듯 보이지만 많이 못 버는 이들이 태반이고, 나 또한 마찬가지이다. 아! 부끄러운 일인가 싶기도 하다. 근사한 척하면서 돈도 못 번다고 이야기하니까 조금 부끄럽다.

"교육 사업은 돈이 안 되지 않나요?" 인사를 나누고 조금 친해지고 나면 많은 분들이 이렇게 걱정을 해 주신다. "뭐 생각보다는 괜찮습니다" 이렇게 자존심을 세우지만, 그들의 말하는 돈의 단위와 나의 '괜찮은' 돈의 단위가 다를 것이라고 위안도 해 보지만 크게(?) 돈이 되지 않는 것은 맞다.

셋째, 정말 사업을 한다는 것은 억울한 일이 있어도, 크게 소리 낼 수 없다. 늘 을의 입장일 수밖에 없는 교육 컨설팅 및 영세업자들의 공통된 힘겨움이라 생각한다. 크게 소리 내서 따지면서 내가 옳고 고객인 당신이 틀렸다고 알려 주는 순간 우리가 맞게 되는 차가운 현실은 딱 하나, 고객을 잃는다는 것이다. 그러니, 어찌 이 일이 근사한 일이 될 수 있는가 말이다. 그래서 그토록 근사하게 시작할 수 있는 일도 유지할 수 있는 일도 없다고 말하고 싶다.

만약, 커피 전문점을 멋지게 차린다고 할 때, 그러고 나면, 여사장이 되어 멋지게 옷을 입고 우아하게 커피를 내릴 수 있을 것이다, 하지만 그 안에 들어가서 일하다 보면 아르바이트생이 펑크 낼 때마다 사장님인 본인 때우거나, 더 비싸게 급히 알바를 쓰거나 해야 하고, 그것도 아니면 여기저기 일을 도와 달라고 아쉬운 소리를 해야 한다. 아니면 일을 하며 벌고, 벌어도 조금은 흑자가 난다고 해도 투자대비 크지 않은 수익에 화가 날 수도 있다. 그러니 멋지게 시작할 수 있는 일은 거의 없다. 아니 일단 시작하면 멋져지지 않는 일이 태반이다.

자신이 나온 중학교 또는 고등학교에 다니면서 자신의 학교가 백 프로 마음에 드는 학생이 없었던 것과 같다. 그 안에 들어서면 그 안의 단점들과 부딪치게 되는 학교생활과 크게 다르지 않은 것이라고 생각하면 된다.

'그럼에도 불구하고' 중요한 한 가지, 멋지게 시작하고 유지할 수 있는 일은 없지만, 가끔 멋지게 여겨지거나 꽤 긴 시간 멋지게 일을 해내기를 유지하면서 멋지게 되어 갈 수 있고, 성취감에 행복할 수는 있다. 아까 초반에 이야기를 꺼낸 '기껏해야 마트계산원밖에 더 하겠어?'라는 부분을 다시 생각해 보면, 마트 계산원이 '기껏해야'에 들지 않는다는 것이다.

우리는 안다, 마트 계산원 분들이 근사하지 않다고 생각한다는 걸, 하지만 내 생각은 조금 다르다. 그 계산원 일도 근사하게 하시는 분들이 있고, 근사하지 않게 하는 분들이 있다는 것을! 우리는 가끔 정말 밝게 웃으며 맞이하는 마트 계산원 분들을 본다. 그분들은 가끔 또 다른 날 보게 되어도 웃고 계신다. 혹여, 그분들은(항상 웃고 있는 분들) 그날이 첫날이면서, 일을 시작한 지 몇 분이 채 지나지 않았을 수도 있고, 일한 지 한 달도 되지 않아서 멋모르게 웃는 것일 수도 있다. 그런데 내가 경험한 바로는, 그런 분들은 한 2년 후 쯤에는 조금 높은 직급에 올라가 계셨고, 누구나 기껏해야 할 수 있는 '잡'을 '멋진 일'로 유지하고 계셨다는 것이다.

근사한 일들이 하고 싶다면, 예전부터 하던 일을 계속하고 있다고 해도, 그러니까, 즉 '경단녀'가 되지 않았다고 해도 '멋있어져' 있을지 아닐지는 모른다. 그 일이 지긋지긋해서 토할 지경이 돼 있을 수도 있고, 회사가 망해서 망한 회사에 있던 사람이라 다른 회사에서 원하지 않아서 지금 다시 일자리를 구하기 어려울 수도 있다. 그러니, 근사한 일을 하고 싶다면 지금 당장 내가 할 수 있는 일을 찾아라. 그리고 당장 가능한 일이 아니고 전문적인 일거리를 준비하고 찾을 수 있는 시간과 경비가 있다면 그 길을 찾아서 움직여라.

아이디어가 좋은 사람보다 실행력이 높은 사람이 더 요직에 있을 확률이 높고, 성공할 확률이 높은 건, 생각한 즉시 움직이고 그것을 결과로 가져오기 때문이다. 실행을 빠르게 하면 실패를 한다고 해도 다시 일어설 시간을 더 벌 수 있다.

그러니 근사한 일을 하고 싶다면 우선 할 수 있는 일에 뛰어들어서 근사하게 유지하거나 근사하게 가끔씩이라도 느끼며 일을 하거나, 그 근사한 일을 위한 공부를 시작하는 것이 중요하다는 것이다.

단, 하나 잊지 말아야 하는 것은 근사한 일도 그 안에 뛰어들면 그다지 근사하지만은 않고, 그것을 근사하게 만드는 것은 본인에게 달려 있다는 것이다. 마트 계산원은 근사하지 않고 변호사는 근사하다고 느끼지 말라는 것이다. 그 둘을 가르는 것은 수입의 차이일 뿐이고, 그 둘 중 누가 더 멋지다고 누가 말할 수 있는가?

내가 아는 어느 이혼 전문 여성변호사는 아침에 눈 뜨기 싫을 때가 하루 이틀이 아니라고 했다. 처음 사건을 수임했을 때는 "앗싸!" 하고 외치고 일이 자꾸자꾸 들어오는 것이 기뻤지만, 지금은 아침에 일어나면 그 불평불만과 의심 그리고 승소에 대한 다짐들을 요구하는 고객들의 전화가 무섭다고 했다.

이렇게 말한다고, '나더러 마트계산원 할래? 변호사 할래?' 라고 물음 뭐라고 대답할 거냐고 따지지 않으셨으면 좋겠다.

나는 공부를 못했고 사법시험에 결단코 합격하지 못했으리라. 그러니, 누가 날 그냥 거저로 변호사 시켜 주지도 않을 거구, 내 노력 없이 변호사가 될 수 없는데 "변호사 할래!"라고 대답하지 않을 거다.

유지도 못할 변호사를 뭐 하러 시작하겠는가? 공짜는 없는 게 세상의 이치인 것을….

나는 당장 할 수 있는 마트 계산원을 시작을 하고 변호사가 되고 싶다면 틈을 내서 공부를 하는 쪽을 선택할 것이다.

내가 교육 사업을 시작한 것만 봐도 나는 멋지게 시작하지 않았다. 처음 나의 시작은 월세 12만 원 짜리의 사무실에서 7명과 사무실을 함께 썼다. 정말 엉망진창인, 그 당시 그 사무실을 생각하면 지금도 정신이 없다. 나는 거기서 정말 힘든 상황도 많이 겪었고, 고마운 사람도 많이 만났다. 또 그 안에서도 그 힘든 사람들 틈 속에서도, 그 사람들을 사기 치려는 사람도 봤고, 일을 뺏어 가는 사람도 보았다. 그래도 그 힘든 상황에서 끝없이 공부하는 사람들도 있었고, 서로 도우려는 사람도 있었다. 쉽게 말하자면, 그 7명의 사무실에서도 한 사회가 담겨 있었다. 나는 친절을 진정, 단순한 친절로 받아들여 곤란하기도 했고, 몸이 아파서 엎드려 영업전화를 하며 버티기도 했었다. 가끔은 극도로 우울하기까지 해서 그 먼 공용사무실까지의 출근은 얼마나 힘들고 어려웠는지 모른다.

근데, 내가 가진 생각은 하나였다. 이 우울함에서 벗어나고 나도 좀 근사한 사람이 되고 싶은 것. 그래서 그 순간의 하루하루 그 고난의 하루들이 그리고 월세 12만 원이면 일할 수 있는 공간이 너무나 감사했다. 사람들은 내가 사무실을 냈다고 하니 사무실 개업식을 왜 안 하냐고 묻는 사람들도 있어서, 속으로는 '아… 그런 것도 하는 거구나… 전혀 몰랐네' 하는 정도로 지나갔다. 그런데 책상 달랑 하나 놓고 일하면서 어디로 사람들을 불러야 하는 건지 도저히 견적이 안 나왔고, 솔직히 내가 그 질문을 받는 순간 초라해지곤 했었다.

어느 날 다른 교육컨설팅 사무실의 오픈식에 가 보고는 입이 쩍 벌어지기도 했는데, 그 인테리어며 손님들의 북적임… 간단하지만 화려하고 아름답기까지 한 음식들이 너무나 부러웠다. 그 순간의 내 마음속의 초라함 이란…. 겪어 보지 않은 이들은, 가히 상상하기 어려울 것이다. 나는 그곳 화장실도 부러웠고, 그들이 만드는 프로그램도 내가 가진 것보다 대단한 것 같았다. 그 오픈식은 내가 얼마나 근사하지 않은 존재인가를 확인하는 순간이었다. 그런데도 나는 계속해서 사업을 유지해 왔고, 흑자로 유지하고 있다. 나를 믿는 고객들도 늘어나고, 마음을 나누는 고객들도 늘어났다. 그들은 나를 믿는다. 그래서 나는 정말 멋진 인테리어가 된 큰 빌딩은 갖고 있지 않고, 성공이라고 하기에는 터무니없지만, 나는 내가 일하고 있는 것이. 내가 일을 가지고 있다는 것이, 내가 어느 분야에 대해 어느 정도 지식을 가졌다는 것이 가끔 많이 기쁘다. 이제 나는 더 이상 큰 사무실이나 큰 집을 부러워하지 않는다.

나는 멋진 일을 선택하지 않았지만, 지금도 멋진 일을 하고 있는지 확신이 서지 않지만, 앞으로 멋진 일을 해내기 위해서 더 노력할 기반이 있다는 것을 기쁘게 생각한다. 나는 시작했다는 것이 시작하지 않은 것보다는 훨씬 나은 선택이라는 것을 지금 뼈저리게 느끼고 스스로 자랑스러워한다. 그래서 감히 여러분께 말씀드리고 싶다.

지금 할 수 있는 것부터 시작하는 것이 여러분을 멋지게 만들어 줄 거라는 것을 확신한다고 말이다. 멋진 일을 하고 싶다면, 지금 당장 할 수 있는 일을 시작하는 것이 가장 빠른 선택임을 잊지 않길 부탁드리고 싶다. 누가 한 이야기인지 기억은 안 나지만 내가 가끔 읊조리는 말이 있다. '라스베이거스에 도착하기 위해 운전을 시작할 때, 라스베이거스가 보여서 출발하는 것이 아니다. 라스베이거스를 향해 출발할 뿐이다'

우선 눈앞에 보이는 도로에 들어서는 것이 중요하다. 근사한 일을 하고 싶으시거든 무슨 일이든 일단 한 발 디뎌 보시라고 꼭 권해 드리고 싶다.

case 2) 정서적 안정을 찾다

"뭐야? 지금 내가 놓인 이 상황 뭐지?"

내가 혼자 살면 전구는 누가 갈지? 양육비 안 주면 어떻게 해? 애들 학원을 끊어야 하나? 이런 고민을 하다 보면 결국, 가장 우리가 이혼 앞에서 힘겨운 것은 경제적 독립이다. 그 부분은 앞서 글을 써 놓았으니, 우선 무엇이든 시작하시길 바란다는 말을 서두로 끊고 더 중요할지도 모를 정신적 독립에 대해 이야기하려고 한다.

나는 어릴 적 엄마와 오래 떨어져 있었던 터라, 엄마가 없는 동안 매를 수도 없이 맞던 나는 늘 날 구해 줄 엄마를 기다렸다. 그 기다리는 시간은 길고도 길었다. 그리고 엄마가 돌아왔지만, 나는 그 기다리는 누군가가 엄마가 아니고 다른 그 어떤 사람으로 변해 갔을 뿐, 정신적 독립은 이루어지지 못했다. 그런 가운데 나는 결혼을 했다. 그 완벽한 구원자로서 역할을 해 주던 남편은 내게 하늘과 같은 사람이었던 것 같다. 그는 나에게 컴퓨터를 가르쳐 줬고, 한글 타자를 연습시켜 주었다. 나는 한 타도 못 치던 사람이었는데, 그는 매일 반복되는 예쁘다는 칭찬과 뭐든지 뛰어나다는 칭찬을 통해 날 성장시켜 주었다. 그런 그는 내게 구원자였으며, 지구를 떠받들고 있는 프롤레테우스 같은 존재 같았던 것 같다.

그런 사람이 회사를 바삐 다니면서 변해 갔다. 늘 바빴고 늘 늦었다. 그러면서 나는 외로웠지만 그가 집에 들어오는 시간이 있으니, 오롯이 혼자는 아니라 믿었었다. 이미 혼자였을지도 모를 그 시간 속에도 그는 나의 구원자였기에 나는 나의 외로움이 내 탓이라고 생각했다. 만족하지 못하는 나의 지나친 욕심 탓이라고 말이다.

하지만 그건 틀린 생각이었다. 만족하지 못한 지나친 내 욕심이 아니

라. 그냥 완벽히 성숙하지 못한, 나의 자라지 못한 정신이 문제의 한 부분을 커다랗게 차지하고 있었던 것이다. 나의 미숙한 정신 상태는 모든 것을 그에게 의지했다. 결혼을 하고 전구 같은 것은 갈아 본 적도 없고, 벽에 못 하나 박아 보질 못했고, 무슨 문제가 생기면 남편에게 전화를 걸거나 옆에서 소리 지르고 화를 내며 울어댔다. 이 얼마나 어이없는 아내였는지 지금 돌아봐도 어이가 없다. 그런 미숙한 나의 모든 실수와 모든 불평을 말없이 받아 주던 남편의 반격이 시작된 것이 벌써 4년 전이다. 그런 남편 앞에 나는 망연자실했다. 정신이 하나도 없었다. 내가 이루지 못하고 있던 것은 완벽하지 못한 경제적 독립보다, 정신적 독립인 것을 그때야 알 것 같았다.

경제적 독립보다 더 무서운 것은 정신적으로 독립하지 못한 내 마음이지 않았을까 싶다. 나는 당장 재활용 쓰레기를 매주 비워 주던 사람이 없어지는 것에도 짜증이 났고, 내가 아무리 짜증을 내고 화를 내고 울어도 남편은 더욱 폭력적으로 변해 갈 뿐, 나를 이해하고 칭찬하고 안심시켜 주던 그는 어디에도 없었다.

나와 같은 여성 분들이 생각보다 많지 않을까라고 생각한다. 우리는 마음 깊이 남편들을 믿고 의지하고 있다. 내 남편만큼은 바람을 피우지 않는다고, 내 남편만큼은 내게 거짓말을 하지 않는다고, 우리의 가정을 깰 리가 없다고 완벽히 믿고 의지하는 경우가 대다수이다. 그런 착각일 수도 착각이 아닐 수도 있는 그 마음에, 그 믿음에 우리의 정신적 독립은 서서히 잠식되어 가고 있었다는 것을 우리는 이혼의 위기 앞에 알게 된다.

그런데 그 독립되지 못한 정신적 상태가 그 남자를 사랑하고 있다고 착각하게 만든다는 사실도 알아야 한다. 아니 역으로 사랑하고 있으면서 의지하고 있다고 착각하게 하기도 한다. 그리니 우리가 이혼의 위기 앞에서 강하게 가져야 하는 부분은 정신적 독립이다. 내가 나로서 온전하다는 사실을 아는 것이 경제적 독립이 서포트 되는 가운데 중요하게, 진정으로 필요하다는 점이다.

정신적으로 독립을 한 사람은 우선 외롭지 않다. “어차피 인생은 혼자 아냐?”라고 말하고 있는 순간뿐이 아니라, 진정으로 혼자여서 평화롭기도 하고 혼자인 것이 당연하다는 것을 안다. 그리니 친구와 이야기하고 있거나 전화통화를 하고 있지 않아도, 허전하거나 나의 존재 가치가 타인의 인정이나 사랑으로 완성되는 것이 아니라, 나로서 그냥 완전함을 안다는 뜻이다. 나는 내가 명품백을 들어서 가치 있다고 생각하지 않는다. 내가 외제차를 타야 가치 있다고 생각하지도 않는다. 돌려 말했지만, 내 남편이 뭐여서 내 가치가 올라간다고 생각하지 않는다는 것이다. 만약 내 남편이 법조인인거나 의사여서, 재벌이여서 자신이 유리천장을 뚫어 올라간 신데렐라라고 생각하고 살았다면, 이 위기 앞에서 더 두려울 거라고 나는 확신한다.

내 가치는 나여서 완벽하다. 그것을 안다면 내 남편이 뭐여서, 내 아이가 1등을 하기 때문에 또는 행복하고 완벽한 가정을 유지하고 있어서 내가 대우받거나 괜찮은 여자라고 착각하지 않을 수 있다. 그러니까 이혼을 하다고 해서 내가 우습게 보이지 않는다는 것을 알면 된다. 그것이 이혼으로부터 정신적 독립을 찾는 길이다. 이혼녀가 된다는 것은 쉬운 일은 아니지만, 그것으로 인해 내 가치의 존엄성이 무너지지 않음을 확신하시길 바란다는 뜻이다.

에필로그

해외의 어느 책에 이러한 연구 결과가 있다고 한다. 부부 중 아내가 먼저 사망을 하면 남편은 고작 3년에서 5년 사이 죽음을 맞이한다고 한다. 의지할 곳이 없어 고독함에 수명이 짧아진다는 것이다. 그런데 남편이 먼저 사망한 아내는 1주일 내외의 짧은 애도 기간을 거치고 더 건강하고 활력 있게 살아간다는 연구 결과가 나왔다고 하니 공허한 웃음이 난다.

홀로 서는 것이 죽기보다 힘들다고 말하고 있는 여성들의 편지를 나는 접하고 또 접한다. 그런데 여성들이 홀로 서면 더 건강해지고 활력이 있어진다니 재밌지 않을 수 없다. 이런 연구결과를 봤다고 해서 내가 여성들에게 또는 남성들에게 혼자 살아가라고 이 책을 쓴 것은 아니다. 하지만 그녀들이 진정하게 홀로 걷는 것이 얼마나 좋은 기회가 되는 것일지 받아들일 용기가 생기길 바란다. 여기서 내가 말하는 홀로 서기는 이혼이 아니다. 그렇다고 이혼이 아닌 것도 아니다.

이 책의 중심 내용은 이혼을 하고 안 하고의 이야기가 아니라, 완전히 독립되어지는 정신에 대해 이야기하고 있다. 그러니 두려워하지 말자. 내가 혼자가 될 거라고 해서, 아니면 함께해도 혼자인 것 같다고 울지 말자고 말하고 싶다. 내가 주인공이 되어 살아가는 삶은 활기차고 아름답다는 것을 알게 되길 바랄 뿐이다.

이 글 속의 주된 상담자들은 여성들이다. 그들 모두 이혼을 원하지 않는다고 말하고 있지만, 나는 그들이 긴 상담 끝에 홀로 서기를 잘해 내고 살아가는 이들도 수없이 봤고, 때로는 상담을 통해 온전히 홀로 서는 것이 배우자와 함께 동행해도 도움이 된다는 것을 알게 된 이들을 보아 왔다. 그렇게 그녀가 또는 그가 완벽히 홀로 선후 배우자와의 동행에 성공하고 행복해진 이들을 접해 왔다. 내가 홀로 된다는 것은 고립되는 것과는 다르다. 내가 완벽히 나를 사랑함으로써 내 자신이 편안해질 때, 배우자와 함께여도 행복하고 편안할 수 있다는 것이다. 그렇게 그 편안함이 전해지고 배우자도 또는 자녀들도 함께 편안함을 누릴 수 있다는 것이다. 나는 이 '프리 허그'를 통해서, 그녀들의 스스로 얼마나 소중한지를 깨닫고, 자존감이 완벽히 회복되길 바란다. 홀로 서기까지 서로 따스하게 안아 주자는 뜻에서 제목도 처음부터 '프리 허그'로 정해 왔다. 그렇게 이 책을 통해 서로를 따뜻하게 안아 줄 수 있길 바란다.

원고를 완성하면서, 나와 함께하는 많은 세포언니TV 구독자분들과 나의 상담자들에게 감사를 드리고 싶다. 그리고 사랑하는 나의 엄마 손성희 여사와 나의 가족, 나의 태양 호연과 내 사랑과 기쁨인 딸 서연에게 고맙다고 말하고 싶다. 더불어 나를 늘 믿고 따라 주는 LNS HRD 본부의 스태프들에게도 감사를 드린다.

나를 먼저 사랑하기에 적당한 오늘

초판 1쇄 발행 2021년 2월 4일

지은이 한재원
펴낸이 이기봉
편집 좋은땅 편집팀
펴낸곳 도서출판 좋은땅
주소 서울 마포구 성지길 25 보광빌딩 2층
전화 02)374-8616~7
팩스 02)374-8614
이메일 gworldbook@naver.com
홈페이지 www.g-world.co.kr

ISBN 979-11-6649-330-0 (13590)

- 가격은 뒤표지에 있습니다.